U0192874

尺寸

千里远景，如在尺寸之间。

献给亨利·萨维尔（1549—1622），

声誉卓著的学者和神学家

以及他的学生，亨利·内维尔（1564—1615）

英格兰侍臣、政治家、剧作家和外交官

加法叶的博物学
Mr
Guilfoyle's
Natural
History

Mr Guilfoyle's
Shakespearian
Botany

密径
莎士比亚的植物花园

[澳] 威廉·罗伯特·加法叶 著

[澳] 埃德米·海伦·加德摩尔　戴安娜·艾弗林·希尔 编

解村 译

中国工人出版社

威廉·罗伯特·加法叶与妻子爱丽丝及儿子威廉·詹姆斯·尤尔·加法叶（1903 年）

等一等！

那个就是剑兰，

那幼株仿佛长矛一般，

有一枝上已有花蕾初绽。

狂欢的浪潮，多么美妙，

铺展着通往坟墓的大道。

走开，死神！

那是未来在招手。哦，你难道看不见

它们花开花落，年复一年。

——爱德米·卡德莫尔

前　言

蒂姆·恩特威斯尔 教授

维多利亚州皇家植物园园长兼总裁

威廉·罗伯特·加法叶常与费迪南德·雅各布·海因里希·冯·穆勒爵士并称。一方面，加法叶当然是天才的园林设计师；另一方面，他于1873年接替费迪南德爵士，成为墨尔本植物园的园长。费迪南德爵士也就是我们常说的冯·穆勒，他头衔尊贵，是一位杰出的科学家，然而作为景观设计师则略显平庸。通过个人著作以及近年来出版的日记，冯·穆勒壮阔的人生与伟大的心灵已为世人所知。而加法叶，对大多数人而言，则仍然是一位在维多利亚植物园和植物学的历史上被草草带过的人物。

终于，在这本书中，我们得以领略作为植物迷、思想者乃至科学家的加法叶——虽然相比他的老对手，他更像一个植物学的爱好者。在三十五年的时间里，加法叶将墨尔本植物园变成了全世界最壮丽的植物景观园林之一，同时还从世界各地系统性地收集了几千个植物物种。他与日俱新的作品——今天的维多利亚皇家植物园墨尔本园——既是园林景观艺术的杰作，也是有生命的植物学收藏。

加法叶曾经跟随父亲迈克尔·加法叶在他们位于悉尼双湾的异国苗圃工作，积累了园艺经验。他有过人的审美和艺术天分，令他得以将墨尔本植物园井井有条却平淡无奇的种植形式，转变为他疏密有致的成名手艺。此外，他还将丰富的植物种类融入景观设计之中。踏入他的植物园，或是维多利亚州某个由他设计的花园，你会首先受到"美"的冲击。不过当你再定睛细赏，加法叶，那个园艺师和植物学家便会被你发现。

在加法叶任职后期的欧洲之行时，他已经有足够的自信赞赏或批评某些世界上最受人推崇的园林（详见《乐园：欧洲园林之旅》）。他乐此不疲地梳理其中的景观设计和植物种类。显然，加法叶对植物如数家珍，而且懂得该如何将它们最妥善地用在园林之中。

在这本书中，他以植物学家的身份写到莎士比亚，并惺惺相惜地将其引为同道。他以一种栽种指导者乃至民族植物学家的风格书写莎翁笔下的植物。这种写作风格迥异于 1873 年刚到墨尔本时那个热情而生涩的景观设计师，也与几乎将他视作渊博的冯·穆勒的对立面这种流行的看法大相径庭。

我本不该如此惊讶于他对植物的深入兴趣和专业知识。毕竟，在 1874 年，仅仅是他在墨尔本工作的第二年，他便出版了一部关于澳大利亚植物的著作，并于一生之中出版了多部有关植物不同方面的手册与书籍。正如我们在这套引人入胜的三部曲的第三部《岛屿：南太平洋的植物探险》中所读到的，加法叶在墨尔本就职之前，曾游历南太平洋收集植物。他的旅行经历，以及对莎士比亚的兴趣，赋予了他一个机会去进一步书写他的挚爱之物——植物。

这套精美丛书的编者戴安娜·希尔和爱德米·卡德莫尔将加法叶形容为一位"植物猎人"。的确如此，当年的他还是一名28岁的青年，装备着十二个沃德箱，在太平洋岛屿上四处寻觅收集植物，并将这些"猎物"带回了悉尼植物园。大约同一时间，冯·穆勒——在加法叶成为他工作上的竞争对手之前——推荐加法叶成为赫赫有名的林奈学会的会员，这个学会向来对于新加入的植物学家和动物学家有着严格的筛选。

在此我已无须赘言。我很荣幸可以帮助威廉·加法叶，一名植物学家，完成他姗姗来迟的庆典。

目 录

蕨（Fern）

无花果（Fig）

欧榛（Filbert）

January 1900 107

亚麻（Flax）

鸢尾（Flower-de-luce）

紫堇（Fumitory）

荆豆（Furze）

大蒜（Garlic）

麝香石竹（Gilliflower）

鹅莓（Gooseberry）

荆豆花（Gorse）

葫芦（Gourd）

草（Grasses）

葡萄（Grapes）

February 1900 123

山楂树（Hawthorn）

榛树（Hazel）

石南（Heath）

毒芹（Hemlock）

作为艺术家和
景观设计师的早年生涯

　　1840 年 12 月 8 日凌晨一点五十五分，威廉·罗伯特·加法叶出生于英国伦敦位于富勒姆和切尔西交界处的沃尔汉姆格林。他是迈克尔·加法叶和夏洛特·德拉夫斯十五个孩子中的长子。1889 年，威廉与爱丽丝·达令结婚。二人育有一子，名叫威廉·詹姆斯·尤尔·加法叶。1912 年 6 月 25 日，威廉·罗伯特·加法叶去世于查兹沃斯庄园——他位于墨尔本乔利蒙特广场的家。

　　据加法叶传记的作者佩斯科特所言，加法叶这个姓氏起源于法国，威廉有几代祖先都在园艺方面享有盛名，负责设计了爱尔兰和英格兰的许多大型庄园[①]。夏洛特的家族则是法国胡格诺派流亡者的后裔。威廉的母亲称，她的一位先祖，路易·德拉夫斯伯爵曾为酷爱景观园林的路易十四（太阳王）提供造园建议。

　　19 世纪 40 年代末，迈克尔·加法叶携全家移居新南威尔士殖民区。刚到悉尼不久，他就在红番区买下了一片土地建成苗圃。苗圃的经营以失败告终，部分由于他对当地自然条件的了解有限，同时也是因为劳动力不足——当时很多人都去了加利福尼亚的金矿区淘金。尽管在此受挫，但幸运的是，迈克尔凭借他的背景和职业声誉获得了托马斯·卡特克里夫·莫特的邀请。莫特是澳大拉西亚植物与园艺学会的委员会成员，他请迈克尔开发和设计他位于达令角的绿橡庄园。

――――――――――――

① 更多有关加法叶家族的资料可参见佩斯科特《园林大师加法叶：1840—1912》，墨尔本：牛津大学出版社，1974 年。

　　这份历时十二个月的委托奠定了迈克尔·加法叶作为一名澳大利亚景观设计师的声誉，也确保了他在双湾新建的占地3.5英亩的异国苗圃和热带花园的成功。

　　这座新苗圃的选址十分考究，有着优质的土壤和充足的供水，只有在异常干旱期例外。它景色优美，位置邻近悉尼市中心，紧靠新双湾码头，是城市要冲之地。红番区苗圃的失败很可能影响了年幼的威廉·加法叶，激励他实验、探索、求知，以及抓住一切可能令他和他的家族在这个纷繁多变的世界和远离故土的异乡获得成功的机会。

　　威廉先后在格列布的林赫斯特学院和乔治街附近的一所私立学校读书。除了学业之外，他还要做父亲的助手。早在他开始正式的训练之前，他就已经对园艺学和景观设计的原理有了大体的了解。他是一个天资聪颖的学徒，表现出无止境的求知欲和坚韧的意志力。

　　威廉的父母和舅舅路易·德拉夫斯都对他的教育很上心，还专门为他聘请了一位教授英国和欧洲历史的私人教师。他们觉得，学习古典文化、历史和文学是确保他们的文化遗产——他们视之为文明开化的标志——不至于在这个陌生、未知乃至有些蛮荒的环境中失落的方式。

　　家族的朋友们——鼓励小威廉钻研植物学的牧师威廉·乌尔斯博士；悉尼澳大利亚博物馆的威廉·夏普·麦克利（1792—1865）；1846—1850年乘"响尾蛇号"赴太平洋岛屿和新几内亚考察的

博物学家约翰·麦吉利弗雷——都对加法叶的热忱精神和优异的学业表现留下深刻的印象，并提出帮助他进一步深造，尤其是在博物学领域[①]。麦吉利弗雷和乌尔斯鼓励加法叶去做广泛的植物收集，先是在霍克斯伯里河和蓝山一带，随后在新南威尔士北部和昆士兰南部的更广阔区域[②]。通过田野工作，加法叶对新南威尔士北部的特威德河区域产生了兴趣，开始与墨尔本的费迪南德·冯·穆勒有书信往来。

1866年，迈克尔·加法叶让时年25岁的威廉接管"加法叶父子异国苗圃"，自己则去调研求购特威德河附近的可耕地。最终他在古迪根买到了六百英亩的灌木丛地，用于建设热带实验园和种植园。

1869年至1873年间，威廉·加法叶已经全面掌管了古迪根种植园，雇用的是来自太平洋岛屿的工人们。种植园包括三十英亩橘树，以及其他四十一种作物，包括甘蔗、山茶树、香蕉树、李树、苹果树、杧果树和面包果树[③]。种植园的成功很大程度上归功于他乘"挑战者号"时所做的植物学研究，以及他从南太平洋带回，并在古迪根投入实验的新物种。

---

① 更多有关加法叶家族的资料可参见佩斯科特《园林大师加法叶：1840—1912》，墨尔本：牛津大学出版社，1974年，第16页。

② 更多有关加法叶家族的资料可参见佩斯科特《园林大师加法叶：1840—1912》，墨尔本：牛津大学出版社，1974年，第28页。

③ 《特威德河日报》1823—1923百周年纪念增刊，新南威尔士州默威伦巴，1923年。

出于对加法叶作为收集者和研究者潜力的认可，冯·穆勒于 1867 年 3 月 18 日写信给这位年轻的朋友，他在结尾处写道："在下一封邮件里，我将十分高兴可以将你提名为林奈学会的会员，相信凭你的一腔热情和研究才能，你将会成为一名出众的林奈使徒。"[①]

1873 年，冯·穆勒的预言成真，加法叶成为总督府辖墨尔本植物园的见习园长。

加法叶家族与约翰·古尔德·维奇和切尔西皇家异国苗圃的关系，以及迈克尔·加法叶从前为新南威尔士州政府所做的工作[②]都增加了墨尔本植物园董事会对威廉·加法叶的认可度。今天，墨尔本植物园的很多种植仍然在色彩和多样性方面复刻着南太平洋岛屿的奇景。

加法叶笔耕不辍，他的年度园长报告写得细致而精确[③]。他乐于与他人分享知识。在维多利亚时代的精神氛围之中，他自然而然地将注意力投向了威廉·莎士比亚戏剧和诗歌中的植物、水果和花卉。在完成了欧洲之行和远海探险之后，加法叶也很适合

---

① 费迪南德·冯·穆勒写给威廉·加法叶的信，1867 年 3 月 18 日，见于佩斯科特《园林大师加法叶：1840—1912》，墨尔本：牛津大学出版社，1974 年，第 69 页。

② 1847 年，迈克尔·加法叶建议新南威尔士政府在悉尼禁苑公园和植物园中种植莫顿湾无花果树及其他雨林植物。

③ 约翰·费雷斯《禁苑与植物园园长年度报告》，1874 年 5 月 23 日，同年印于政府印馆。

在晚年做这件事。

在伊丽莎白时代的英国，花卉被用来代表许多不同的含义。莎士比亚在写作中广泛地运用了它们。使用"花语"来沟通非常简洁，却包含着十分复杂的内涵，正如下面这段《第十二夜》中奥西诺公爵和薇奥拉的对话。在这里，等同于爱情的玫瑰被用来给奥西诺公爵的思索增添了趣味、深度和感染力：

> 奥西诺公爵　女人正像是娇艳的玫瑰，
> 　　　　　　花开才不久便转眼枯萎。
> 薇奥拉　　　是啊，可叹她刹那的光荣，
> 　　　　　　早枝头零落留不住东风。
>
> 《第十二夜》第二幕第四场

加法叶将玫瑰称作"花中女王"，并且以最高的赞美将莎士比亚称为植物学家。以亨利·伊拉康的《莎士比亚的植物知识》（1878）作为自己研究莎士比亚植物学的起点，加法叶全面重新整理了前人的作品——正如他对冯·穆勒的园子所做的那样——以此来吸引、启发和教育澳大利亚读者，特别是"澳大利亚殖民地植物学研究者"，以及所有想要探索和发现莎士比亚伟大之处的人。

June 1899

有许多证据表明，莎士比亚，这位英语世界中最伟大的诗人，几乎无所不知。其中有趣的是他对各类植物花卉的熟稔，他也许称不上一位富有科学性的植物学家（虽然从他的作品中甚至无法得出这个结论），而更像是千姿百态的大自然中一位细心的观察者和热爱者。

我并不打算把这一系列文章写成论证这位"埃文河畔的不朽诗人"天才之处的专题论文——他的才华在英国早已妇孺皆知。我更想表达的是，如另一位诗人所说的，"要研究人类，须观照具体的人"。我想将莎士比亚请到我们的面前，做我们的向导和老师。

一个人要有怎样超凡的心灵，才能在处理诸如人类思想的深度、人类行为的弹性、人类原则的错综复杂，以及人类激情的运作方式这样一些微妙话题的同时，还能对大自然的法则了如指掌——无论是最淳朴的农家孩童眼中的自然，还是被哲学家理性的目光审视过的自然。在令人惊叹的学识天赋之外，他还有一份对自然现象与生俱来的热爱：璀璨的群星、澄澈的天空、阴晦的雷云、涌动不息的大海、沾满露水的草地、色彩缤纷的花朵。正是带着这份对自然的热爱和快乐的秉性，莎士比亚将天地万物引入他的作品之中。这是这位伟大诗人的众多独特魅力之一，令他受到上至贤哲下至凡夫的欢迎。也正是这样的魅力，使得在一切有英国心脏跳动、有英语被言说的地方，他的姓名都备受尊崇，他的文辞"在人们口中如家常话一般熟悉"①。

毫不奇怪的是，莎士比亚一直被各种各样的写作者轮番争夺，因为他对各类艺术和科学的知识，以及对每一种事务和职业的精熟——律师、医生、天文学家、牧师、演员、军人、水手等。

然而，我也在此冒昧地称他为一位植物学家，或者说，一位由于细心观察和热爱自然万物而对花卉植物如此熟知的人。

当然，限于篇幅，想要把一个如此有趣的主题完全展开是不可能的。

在接下来的文字中，我将通过引述莎士比亚的剧作，并做出相应的简短的讲解，来展现这位大诗人不只了解那些可以在"茂草的山坡""满铺着刍草的平原""林木丛生的地亩"和"没有灌枝的丘陵"②遇到的较为平常的植物，还识得"忍冬花藤密密纠缠着的凉亭"和"枝繁叶茂的果园"③中的那些珍奇花果。为此，我灵活取用了亨利·伊拉康的《莎士比亚的植物知识》一书中那些令人钦佩的篇章，选择其中可能对殖民区植物学研究者有价值

①　译者注：引自莎士比亚《亨利五世》第四幕第三场：Familiar in his mouth as household words.

②　译者注："茂草的山坡"（turfy mountains）、"满铺着刍草的平原"（flat meads）、"林木丛生的地亩"（bosky acres）和"没有灌枝的丘陵"（unshrubbed downs）皆引自《暴风雨》第四幕第一场。

③　译者注："忍冬花藤密密纠缠着的凉亭"（pleached bower）和"枝繁叶茂的果园"（orchard）是《无事生非》第三幕第一场中希罗与玛格丽特密谋之处。

的、在澳大利亚和欧洲较为常见的花卉植物及其评注，做出阐发或浓缩。我同时还受惠于西德尼·贝斯利的《莎士比亚的花园》一书，从中得到许多有价值的参考。我尝试用简单和通俗的语言为大家解说，希望可以让所有植物学爱好者，以及所有真正热爱大自然的人感到有趣和受益——无论是对刚刚踏上这条美好道路的初学者，还是对更加成熟和高阶的研究者。

开场白到此为止，下面我将按照英文字母顺序排列各种植物，开始这场旅程。

乌头草（Aconitum）——Aconitum Napellus（林奈）

分类： 毛茛科

别称： 狼毒、僧兜帽、修士帽、盔花等

产地： 欧洲、北美和喜马拉雅山脉

药性： 乌头草根含有三种生物碱——乌头碱、欧乌碱和那可汀

这样尽管将来不免会有恶毒的谗言倾注进去，

和火药或者乌头草一样猛烈，

你们骨肉的血液也可以永远汇合在一起，

毫无渗漏。

——《亨利四世》第四幕第四场

　　这种植物是一个大科中的一员，该科中的所有植物都有或多或少的毒性。它被称为"狼毒"，因为人们相信在箭头涂上它的汁液可以杀死狼或者其他野兽。"僧兜帽"的别称则得自其花朵上萼片的形状。乌头草一直是花园中一种备受喜爱的观赏性植物。参见《植物学宝库》第 11 页。

　　我们植物园中美丽的翠雀花（翠雀属）、澳大利亚森林和蕨沟等地的铁线莲或者弗吉尼亚铁线莲、田间和牧场的毛茛、绚烂多姿的芍药和银莲花，以及另外几十种为园艺爱好者所知的美丽植物，都同属于毛茛一科。

扁桃（Almond）——Prunus Amygdalus（斯托克斯），Amygdalus communis（林奈）

　　分类：蔷薇科

　　产地：北非和东方

　　药性：润肤、镇痛

　　鹦鹉瞧见了一粒**扁桃仁**，

　　也不及他高兴。

　　　　　　——《特洛伊罗斯与克瑞西达》第五幕第二场

扁桃仁，或如 11 世纪的盎格鲁—撒克逊人所称"东方坚果树"之果实，曾被视作引诱鹦鹉的最好食物。扁桃树富于观赏性，在澳大利亚的不同区域生长繁茂，特别是在阿德莱德郊外。其鲜果或干果虽含有氢氰酸，却被认为于健康大有裨益。参见《植物学宝库》第 42—54 页。

冯·穆勒爵士在他有趣且实用的作品《中高纬度植物选》第 423—424 页写道："甜扁桃和苦扁桃都源自同一品种。于南欧采集作物的成本占其市场价值的百分之二十。它们因实用价值，以及从中榨取的十分可口的扁桃仁油而闻名。在航海期间，这种油可被用作牛奶的绝佳替代品——每当需要时，可将扁桃仁油与相当于它一半重量的阿拉伯胶粉混合，然后再添加两倍量的水，在石臼中连续快速搅动。依照此法，这营养美味的油膏随时可以调制好，用作茶或咖啡伴侣。在油厂里烘烤过的扁桃仁残渣，堪称糖尿病患者的最佳食物。""通常在果园里，扁桃树是报春的信使，每当春天来临，它们的花朵最早将花蜜和花粉供应给蜜蜂。"

欧洲植物专家斯图尔特指出，扁桃树原生于突厥斯坦的前黎巴嫩山脉，或许还包括高加索山脉。

▶鹦鹉瞧见了一粒扁桃仁，也不及他高兴。——《特洛伊罗斯与克瑞西达》第五幕第二场

苹果（Apple）——Pyrus malus（林奈）

分类：蔷薇科

产地：欧洲、北亚和喜马拉雅山脉

药性：滋补、退热

一个指着神圣的名字作证的恶人，

就像一个脸带笑容的奸徒，

又像一只外观美好、心中腐烂的**苹果**。

　　　　　　——《威尼斯商人》第一幕第三场

我身上的皮肤宽得就像一件老太太的宽罩衫一样，

我的全身皱缩得活像一只干瘪的**熟苹果**。

　　　　　　——《亨利四世》第三幕第三场

在高贵的树干上

接了一根**酸苹果枝**。

　　　　　　——《亨利六世》第三幕第二场

正像人家说的，两只**坏苹果**之间，没有什么选择。

　　　　　　——《驯悍记》第一幕第一场

莎士比亚在作品中提及这种著名水果不下二十二次，以上只是几段摘选。其中，他又将苹果称为"频婆果"（pippin）、"大甜苹果"（pomewater）、"干苹果"（apple-john）、"没熟的小苹果"（codling）、"葛缕子"（caraway）和"冬季苹果"（leathercoat）。不过，"苹果"（apple）之名最初并不限于特定的水果，而是对水果的统称，正如菠萝（pineapple）、番茄（love apple）都包含"apple"一词，今日所谓香橼（citron）、榅桲（quince）等也被归入其类。世界上苹果栽培品种最丰富和完善的地区莫过于维多利亚州、塔斯马尼亚岛和新西兰。

在欧洲和美洲的一些区域，苹果树长势惊人。霍维神父（C. H. Hovey）曾谈及康涅狄格州的一个样本，在树龄达到 175 年之时，其树高 3 英尺处的树围达到 14 英尺，其树冠直径则超过 100 英尺。它每两年之内交替产出 40 和 85 蒲式耳的苹果，产量最多的年份达到了 110 蒲式耳。同样在康涅狄格州，威瑟斯菲尔德镇附近有一棵苹果树，据说种植于 1640 年，直到现在依然硕果累累。在米汉教授主编的《园艺家月刊》中记载了"新英格兰的一株格外多产的苹果树，由来自柴郡的普拉特先生所记录。它的八条主枝横跨 6 杆之长 [①]，其中的五条一年可产果逾 100 蒲式耳，另外三条则与其交替产果"。参见《中高纬度植物选》。

---

① 1 杆（rod）合 16.5 英尺。

杏（Apricot）——Prunus Armeniaca（林奈），Armeniaca vulgaris（拉马克）

分类：蔷薇科

产地：高加索地区

恭恭敬敬地侍候这先生，

给他吃**杏子**、鹅莓和桑葚。

——《仲夏夜之梦》第三幕第一场

去，你把那边垂下来的**杏子**扎起来，

它们像顽劣的子女一般，

使它们的老父因为不胜重负而弯腰屈背。

——《理查二世》第三幕第四场

关于这种水果如何进入英国，文献中并无专门介绍，不过哈克鲁特声称它是由某位名叫沃尔夫的园艺家从意大利带来，献给亨利八世的。在东方，杏曾被用作退烧药，可参见《植物学宝库》第 931 页和加法叶的《澳大利亚植物学》第 54 页。

◀一个指着神圣的名字作证的恶人，就像一个脸带
　笑容的奸徒，又像一只外观美好、心中腐烂的苹
　果。——《威尼斯商人》第一幕第三场
　两只坏苹果之间，没有什么选择。——《驯悍记》第
　一幕第一场

《艺术学会会刊》中写道："杏仁经冷压之后所产出的油，与扁桃仁油十分类似。马斯普拉特发现，杏树皮中含有百分之二十四的单宁。（去核的）杏干和桃干已成为广受欢迎的贸易品，特别是在印度北部。据说在 1887 年，有 175500 箱鲜杏和三百万磅杏干从加利福尼亚运出。"

与此同时，米尔迪拉和高宝谷等知名文化区也正在不断扩大杏的产量和出口范围，以满足不同市场的需要。其杏干、杏罐头和杏肉等即食品品质极佳，有望取代从国外进口的类似产品。

白蜡（Ash）——Fraxinus excelsior（林奈）

分类： 木樨科

别称： 欧洲白蜡、英国白蜡、梣

产地： 欧洲、北亚、东方和喜马拉雅山脉

药性： 通便

让我拥抱你的身体，
在你的身体上我曾敲断过一百次
我的**梣木枪柄**。

——《科里奥兰纳斯》第四幕第五场

白蜡树在其所生长的凉爽地带是一道美丽风景。在开花时节，英格兰北部诸郡是观赏白蜡的最佳地点。在约克郡的山谷中，白蜡尤为美丽，且有着一种独属于它的优雅，无怪乎吉尔平称之为"林中的维纳斯"。

维多利亚州的巴拉瑞特和马其顿一带以及吉普斯兰的部分地区似乎格外适宜白蜡生长。在较大的园林中，金叶品种显得十分优美怡人。欧洲和美洲白蜡树所产的木材以质地坚硬、富有韧性和持久耐用著称。

"橡树、白蜡，还有那常春藤，

噢，它们繁茂于北国，在我的家乡。"

——古老歌谣

橄榄、茉莉、丁香和我们园中其他许多知名植物都属于木樨科。

山杨（Aspen）——Populus tremula（林奈）

别称：响杨、颤杨

分类：杨柳科

产地：欧洲，又见于北亚和日本

啊！要是那恶魔曾经看见这双百合花一样的纤手

像战栗的**山杨叶**般弹弄着琵琶。

————《泰特斯·安德洛尼克斯》第二幕第五场

列位瞧吧，我全身都在发抖。

是呀，我的的确确在发抖，就像一片**山杨树叶**似的。

————《亨利四世》下篇第二幕第四场

山杨是英格兰的杨树品种之一，因其树叶持续不断地颤抖或簌簌作响而闻名。它的木材价值不高，不过在亨利五世统治时期，它曾被大量用于制造箭矢。如今山杨被用于制作房屋镶板以及火药。参见《植物学宝库》第 102 页、第 920 页。

奇怪的是，这片殖民区所见的山杨样本品质都十分低劣。然而即使在寒冷的高原区域，在那样的土壤和气候条件下，这种树也认为可以顺利生长。在英国，山杨是森林中最美的树种。它们生长迅速，树高很快可以达到 40 至 50 英尺。而在这里，它只不过是一个小矮人，或许是我们夏日的热风阻碍了它的发育。

山杨周身都没有什么用处。希斯（Heath）在他的杰作《我们的林地树木》中写道："山杨叶的震颤十分特别，一方面是因为它的叶片非常窄小，另一方面是由于它的叶柄细长——其凹陷的上半部分格外纤细。而这些特征在其他品种的杨树身上并不显著。"

　　我们的植物园中有二十种柳属植物，都属于杨柳科。参见《植物学宝库》第506页，以及加法叶的《澳大利亚植物学》第55页。

July 1899

香脂草（Balm/Balsam/Balsamum）——Melissa officinalis（林奈）

分类：唇形科

产地：地中海地区和东方

药性：兴奋、发汗、止痉挛

汹涌的怒海中所有的水，

都洗不掉涂在一个受命于天的君王顶上的**香脂油**。

——《理查二世》第三幕第二场

像**香脂草**一样甜蜜，像微风一样温柔。

——《安东尼与克莉奥佩特拉》第四幕第二场

难道这就是那放高利贷的元老院

替将士伤口敷上的**香脂膏**吗？

——《雅典的泰门》第三幕第五场

莎士比亚的作品中共有十四处提及香脂草、香脂膏或香脂油。其中一些无疑指的是从东方引进的香膏，另外一些则是英国花园中芬芳的香脂草。

这种植物又被称为"柠檬薄荷""香蜂草""香膏草""香膏叶"和"香脂油草"。

皮耶斯在《调香的艺术》第五版第 93 页中写道："香脂精油，又称蜜蜂花油，通过蒸馏其草叶而得——随着冷凝的蒸汽或水一起从静水龙头流出，按常规方式分离。"

香脂草叶如柠檬般香甜的气息令其广受喜爱。它的香气在初夏最为浓烈——在即将开花之前，经过雨水的滋润，它的香气可以溢满整个花坛。香脂草是多年生植物，在维多利亚州它通常于 11 月开花。在闻名遐迩的加尔默罗会或卡尔特会烈酒——查特黄香甜酒中，便加入了蜜蜂花油，也就是香脂油。据说，查理五世在圣尤斯特修道院幽居之时，每天都用香脂油沐浴，并将其涂抹在手帕上，以激发曾经生气勃勃却昏昏沉沉的头脑。

薄荷、夏至草、鼠尾草，以及一些澳大利亚最漂亮的灌木如木薄荷、迷南苏等，都属于唇形科。参见《植物学宝库》和加法叶的《澳大利亚植物学》。

黑莓（Blackberry）——Rubus fruticosus（林奈）

别称：英国黑莓

分类：蔷薇科

产地：欧洲

药性：收敛；其叶被草药医师用于治疗多种疾患

即使理由多得像**乌莓子**一样，

我也不愿在人家的强迫下给他一个理由。

——《亨利四世》上篇第二幕第四场

有一个人在山楂树上挂起了诗篇，

黑莓枝上吊悬着哀歌。

——《皆大欢喜》第三幕第二场

　　莎士比亚作品中有五处提及黑莓，指的都是结黑莓的灌木。有一个古老的传说与黑莓有关：从前，鸬鹚、蝙蝠和黑莓合伙做羊毛生意。一次，他们的船只失事了，货物全部散失，他们从此破产。从此以后，蝙蝠躲藏起来，只有在午夜前的黑夜才敢溜出来，以防被债主发现。鸬鹚日复一日地潜入深水，寻找沉船。而黑莓则抓住每一只路过的绵羊，钩下它们的羊毛，以补偿他的损失。

　　黑莓曾被视作最理想的树篱植物。但是在澳大利亚的一些地方，特别是在维多利亚州和塔斯马尼亚岛，它们漫山遍野，想要将其清除，只能在夏日组织人手大片砍倒，焚烧花冠，或是在秋冬季将其连根挖出。

　　黑莓的小花枝呈艳丽的红色和黄色，在寒冷季节有时会变为黑棕色，它被广泛用于各类装饰。在维多利亚州的希尔斯维尔地区，沃茨河和格雷斯伯恩河沿岸遍布黑莓，大量的果实每年由孩子们采摘下来，做成果酱，或者送到墨尔本的市场。

大麦（Barley）——Hordeum vulgare（林奈）

分类：禾本科

产地：东方

药性：抗坏血病

刻瑞斯，最丰饶的女神，

你那繁荣着小麦、**大麦**、黑麦、燕麦、野豆、豌豆的膏田。

——《暴风雨》第四幕第一场

难道是，那泛着泡沫的白水

——那给累垮了的驽马当药喝的东西——

他们的"**大麦汤**"，

会把人的冷血激发到这样不顾一切的沸腾的地步？

——《亨利五世》第三幕第五场

"大麦汤"所指的很可能是啤酒，早在亨利五世之前，大麦在英国就被视作啤酒作物。

如《植物学宝库》第 596 页所载："大麦是禾本科植物中最有价值的一种，而且可能是人类最早栽培的作物之一。相较于其他谷类，它的不同品种可以适应更多气候条件，种植于更广的范围。不过，究竟哪种野生大麦才是栽培大麦的先祖，至今难以确知，很有可能是印度温带地区的一个野生品种，它可以通过栽培产出高品质的谷粒。"

在大麦或野生大麦之中，有几个品种来自澳大利亚本土。

月桂（Bay）——Laurus nobilis（林奈）

别称：甜月桂、桂冠树、诗人月桂、勇者月桂、罗马月桂、桂油树

分类：樟科

产地：南欧和小亚细亚

药性：叶可用于调味，浆果可用于兽医

人家都以为王上死了；我们不愿再等下去。

我们国里的**月桂树**已经一起枯萎。

——《理查二世》第二幕第四场

哼，滚你的吧，好一盘装饰着

迷迭香、**桂树叶**的贞节大菜！

——《泰尔亲王配力克里斯》第四幕第六场

通过这两段文字，很难判断其中的植物究竟所指为何。民间对许多植物的名称张冠李戴、反复无常，月桂树就是有趣的一例。有时即便是真正的月桂，也未必冠以月桂之名。而所

谓"葡萄牙月桂"（Cerasus Lusitanica）和"英国月桂"（Cerasus Laurocerasus）从植物学角度来说，则并非"月桂"，而要归为樱属。

科尔比（Kirby）在《树木篇章》第 234 页中写道："伊丽莎白女王时代，一些华宅的地板上往往铺撒月桂叶，以代替地毯。"

在罗马帝国的兴盛时期，月桂被视作胜利的象征。得胜的将军在凯旋游行中头戴桂冠，士兵则手持月桂小枝。希腊人常常在口中含一片月桂叶，作为辟邪的护身符。此外，时人认为有一些受神眷顾之人会被月桂叶激发，他们被称作先知，具有预言的能力。月桂是阿波罗的祭典之树，德尔斐修建的第一座神庙即由月桂枝所筑。中世纪有一种习俗，人们将带着果实的月桂花冠授予最受钟爱的诗人，这便是"桂冠诗人"这一称号的来历。

进口的士麦那无花果总是层层覆盖着月桂叶，此外人们还经常用它来包裹甘草。

蚕豆（Bean）——Vicia Faba（林奈）

别称：胡豆、兰花豆、温莎豆、马蚕豆等

分类：豆科

产地：东方

药性：利尿；旧时用作伤口消炎

看见一头吃蚕豆长大的精壮马儿，

我就学着雌马的嘶声把它迷昏了头。

——《仲夏夜之梦》第二幕第一场

这儿的豌豆蚕豆全都是潮湿霉烂的，

可怜的马儿吃了这种东西，怎么会不长疮呢？

——《亨利四世》上篇第二幕第一场

蚕豆是一种十分古老的蔬菜，早在公元前一千多年以前的神圣历史中便有提及（《旧约·撒母耳》17：28）。据说，早期希腊人和雅典人已开始种植蚕豆，并将其作为敬奉诸神的祭品。普林尼指出，后来的古罗马人继承了这一传统。法比将军的后裔，古罗马最显赫的氏族之一"法比"家族便以擅长种植蚕豆而闻名。然而说来奇怪，当时有一种迷信认为蚕豆对人体有害，不宜作为人类的食物，因此一些古代哲人禁止他们的信众吃蚕豆。有史可考以来，蚕豆便存在于英国，至于何时以及如何传入，则无法得知——普遍认为是由罗马人引入英国。参见《植物学宝库》第 485 页。

豆科植物包含了现存的一些最为美观的开花植物，例如缅甸华贵璎珞木、绣球树、决明子、黄檀、无忧花等，以及印度、非洲、中国和澳大利亚的各类刺桐属植物，此外，豆科的"含羞

草亚科"中，仅在澳大利亚便有不下 335 种不同品种的金合欢属
植物。

桦树（**Birch**）——Betula alba（林奈）

别称：白桦、银桦等

分类：壳斗科

产地：欧洲、亚洲和北美

药性：其树叶和小枝的煎剂是一种治疗瘙痒和水肿的古老
药方

> 溺爱儿女的父亲倘使把**桦条鞭**束置不用，
>
> 仅仅让它作为吓人的东西，
>
> 到后来他就会被孩子们藐视，
>
> 不会再对它生畏。
>
> ——《一报还一报》第一幕第四场

　　毫无疑问，桦树是落叶树中最为淡雅和秀颀的一种。它们几乎
在任何土壤中都长势良好，尤其是邻水之地。在澳大利亚的内陆高
地，潮湿的蕨沟和溪谷富含水分，能够抵御酷热的夏风，大多数桦
树品种都能在此茁壮生长，特别是美洲品种。在一些需要防潮的
地方，桦树可以物尽其用。将木柱插入土地的一端包裹上桦树皮，

据说可以防止过早腐蚀。

　　穆勒在《商业种植植物选》等书中写道："桦树皮十分耐用，可用于修筑屋顶，以及编织不透水筐篮。桦木色白而泛红，质地坚硬，适用于制作线轴、冰鞋、木鞋、鞋钉等各类小物件，此外，风琴匠人也用桦木来打造一些乐器部件……"

　　在我们的植物园中仅有四五株桦树样本，最好的样本在"蕨沟区"，大约种植于十四年前。

August 1899

黄杨（Box）——Buxus sempervirens（林奈）

别称： "土耳其黄杨"等

分类： 大戟科

产地： 欧洲、温带亚洲和东方

药性： 发汗、驱肠虫、改善体质、通便

你们三人都躲到黄杨树后面去。

——《第十二夜》第二幕第五场

黄杨作为一种装缘植物享有盛名，这已无须赘言，在澳大利亚的大部分地区它都被广为应用。在莎士比亚时代，黄杨虽是花园中的常青树，却仍被视作一种野生灌木。

福克德（Folkard）在《植物传说与抒情诗》第 256 页中写道："先知以赛亚描述后世教堂之时曾提及黄杨树：'黎巴嫩的荣耀，就是松树、杉树、黄杨树，都必一同归你，为要修饰我圣所之地。'"

《圣经》中的阿舒尔木也被认为是黄杨。以西结描绘恢宏的推罗城时说到，那里桨手的凳子由阿舒尔木做成，用象牙镶嵌其中。古代人惯用象牙嵌饰黄杨木，维吉尔和另外一些作者都对此有所提及。希斯说，黄杨木太过沉重，在水中无法漂浮——未干时每立方英尺重逾八十磅。木雕师和工匠们花费了许多年，想要寻找这种木材的替代品。黄杨木的供应十分紧缺，因为它们生长

缓慢，即使在最好的土壤中也需要四五十年才能长出直径一英尺的主干。如《植物学宝库》中所载，品质上乘、最适宜雕刻的黄杨木出自黑海附近的敖德萨、君士坦丁堡和士麦那。

墨尔本的木雕师已在尝试使用两种产自维多利亚和新南威尔士的本土木材"波状海桐"和"膜齿木"，据说它们纹理紧实，适宜粗雕。

野玫瑰（Briar/ Brier）——Rosa rubiginosa（林奈）

别称：多花蔷薇

分类：蔷薇科

产地：欧洲和高加索地区

我要跟着你们，领你们跳蹦一场，

跋涉池沼丛林，在**荆棘**里面乱窜。

——《仲夏夜之梦》第三幕第一场

如果他认为我的主张是合乎真理的，

就请他从这花丛里替我摘下一朵白色的**玫瑰花**。

——《亨利六世》上篇第二幕第四场

唉，这个平凡的世间是多么充满荆棘呀！

——《皆大欢喜》第一幕第三场

在莎士比亚时代，"briar"一词表示各种野玫瑰或荆棘丛，他的作品中有十五次写到此词。今天它多指多花蔷薇，一种在澳大利亚殖民区归化已久的植物。在维多利亚州和新南威尔士州的一些地区，它是一种非常难以芟除的杂草，一旦扎根，就会开始快速蔓延，每一颗种子都能发芽，吸芽则从母株向四面伸展。福克德指出，旧时的英国诗人使用的"Eglantine"一词虽然也表示"多花蔷薇"，但在词义和具体所指的灌木方面仍然引起了争论。乔叟等古代诗人将该词拼写为"Eglantere"。

"那树篱将我们环绕

长满了青青香草

槭树和野玫瑰（Eglantere）点缀其间"

弥尔顿将它误认作忍冬或是忍冬属植物，因为他有这样的诗句：

"叫她野玫瑰（sweet-briar），叫她荆棘藤，

或叫她婀娜的忍冬花（Eglantine）。"

《香水调制与植物气息》的作者皮耶斯告诉我们："尽管诗人罗伯特·诺伊斯写道：

'野玫瑰散发的香，
超过香橼林，赛过香料田。'

但只是名义上如此，它们并没有在调香师的香室中占据一席之地。野玫瑰和其他许多气息芬芳的植物一样，采集香气所付出的劳动和收获不成比例。这种植物的芳香物质在各道程序之中都被或多或少地破坏，因此它被弃置不用。不过，人们对香水的需求毕竟还在，于是一种仿制的精油流通于市。"

一种所谓的"野玫瑰烟斗"颇受烟民追捧，很多人认为这种烟斗是由野玫瑰的多节根制成，但事实并非如此。一种名为"烟斗欧石南"（Erica arborea）的植物，顾名思义，正是用作该用途的木材。它们原生于南欧的一些地区、马德拉群岛的山区，以及加纳利群岛，并在意大利和法国大规模种植。这种烟斗中的"野玫瑰"（Briar）一词，只不过是法语词石南（bruyère）的讹误而已。

金雀花（Broom）——Cytisus scoparius（林克）；Spartium scoparium（林奈）

别称：紫雀花、英国金雀

分类：豆科

产地：欧洲

药性：利尿、通便；其液体生物碱"鹰爪豆碱"被用作速效救心剂；其嫩枝的泡剂或煎剂对于早期水肿的治疗有特效

离开你那为失恋的情郎们所爱好

而徘徊其下的**金雀花**的薮丛。

——《暴风雨》第四幕第一场

我拿着**金雀花**枝叶做的扫帚，被提前派到这里来，

打扫这门背后的尘埃。

——《仲夏夜之梦》第五幕第二场

金雀花曾被写作"Planta genista"，亨利二世时期的金雀花王朝（House of Plantagenet）便以此为名，并将此花作为家族徽章佩戴在帽子上，以替代更为多见的翎毛。此外，在苏格兰和法国北部，它也是一种备受喜爱的植物。一般来说，金雀花长不到很高，不过史蒂文斯在书中写道："在剑桥郡的加姆灵盖，它可以长到足以遮住最高的城堡的高度。"作为一种园林植物，金雀花最宜与其他灌木混植。参见《植物学宝库》第 377—378 页。

在澳大利亚，金雀花灌木很少超过八英尺高。西班牙金雀花，也即"鹰爪豆"，是大型园林和种植园中的一种十分宜栽且

有用的灌木。它们可长至十五至十八英尺，且花期很长。此外，处于花期的金丝雀蔓草也是一种高效作物，但是它们繁衍过快，因此成了一种恼人的杂草。然而，英国金雀花"供奉于所有学习我们历史与文学者的记忆之中"。作为一种纹章图案，它很早就被布列塔尼家族选用。安茹伯爵富尔克将它用作自己的个人徽章，他的孙子英格兰国王亨利二世作为领地的继承人，也采用了这一徽章，从此以后，金雀花便成为他血统的标志。参见休姆的《常见野花》。

地榆（Burnet）——Poterium sanguisorba（林奈），Poterium dictyocarpum（斯巴克）

别称：英国地榆、小地榆、血箭草

分类：蔷薇科

产地：欧洲

药性：收敛

那平坦的牧场，当初有多么美好，

缀满着满脸雀斑的牵牛花、**地榆**和绿油油的金花菜。

——《亨利五世》第五幕第二场

地榆（又写作 Brunetto，得名于它的棕色花朵）被当作一种草料植物，不过培根爵士对它压烂或踩碎后散发的香气赞不绝口，还推荐人们"在条条巷道都种满地榆、百里香和水薄荷，以增添行走踩踏的乐趣"。参见《植物学宝库》第 923 页。

据说地榆是某种著名的清凉饮料（cool tankard）的配料之一，的确，它的学名 Poterium 源于希腊语，指的便是一种酒器。小地榆在英国和美洲的一些区域大量种植，以替代三叶草，成为牛羊的美餐。此外，它还专门用作适宜干旱贫瘠土壤栽种的饲料植物。

毛茛（Buttercup）——见 "杜鹃花"（Cuckoo buds）

卷心菜（Cabbage）——Brassica oleracea（林奈）

别称：甘蓝、结球甘蓝等

分类：十字花科

产地：西欧

药性：汁液混以蜂蜜可治疗哮喘

你就少说一句，约翰爵士；说真心话。

真心话，卷心菜。

——《温莎的风流娘儿们》第一幕第一场

卷心菜作为一种价格低廉、营养丰富的蔬菜而著称，不过近年来也有一些卷心菜变种因为多姿多彩的叶子而被引入花园。

卷心菜另有许多亲缘品种，有些达到了可观的高度，例如大规模种植于泽西岛的椰菜（Palm Cabbage），以及牛心菜（Cow Cabbage），这两种都可以长到八至十英尺高。

《植物学宝库》一书中写道，观赏性卷心菜的引入要归功于罗马人，他们也将之传播到其他国家。据说在苏格兰，直到共和时期，卷心菜才由克伦威尔的某个部下从英格兰带去，并开始为当地人所知。

春黄菊（Camomile）——Anthemis nobilis（林奈）

别称：甘菊

分类：菊科

产地：欧洲

药性：芳香、滋补、刺激、催吐

虽然**春黄菊**越被人践踏长得越快，

可是青春越是浪费，越容易消失。

——《亨利四世》上篇第二幕第四场

春黄菊是一种气息芬芳、食之苦涩的植物，常被用作药材。以其干花泡水，可起到刺激腹部神经、改善体质、止痉挛之用，亦可外敷，用作止痛剂，此外还有促进吸收和生肌的功效。春黄菊在一般状态下比舌状花增多时更适宜药用。盖伦（Galen）指出，埃及人十分推崇此花，将其敬奉于神祇，罗马人则认为它可以治疗蛇咬伤。春黄菊大多种植于药草园，不过它时常被用作花坛和小径的边饰。

康乃馨（Carnation）——Dianthus caryophyllus（林奈）

分类：石竹科

产地：欧洲和西亚

药性：芳香

当今的最美的花卉，只有康乃馨

和有人称为自然界的私生儿的斑石竹。

——《冬天的故事》第四幕第三场

▶虽然**春黄菊**越被人践踏长得越快，可是青春越是浪费，越容易消失。——《亨利四世》上篇第二幕第四场

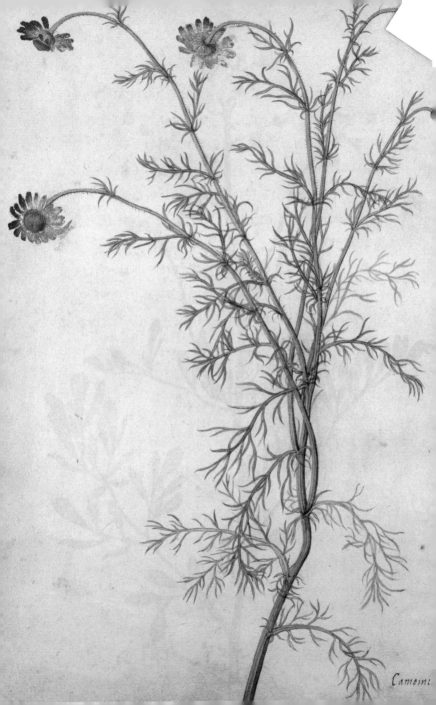

Camemi

人们普遍认为，此花得名于它最初的色彩，即肉色①。然而这种说法并不属实。斯宾塞的诗作《牧羊人日历》以及莱特在1578 年出版的《草药志》中都将康乃馨拼写作"coronation"或者"cornation"，意为花环。普林尼提到，它是罗马人和雅典人的花冠上所戴的植物之一。在我们的花园中，康乃馨有多种名称，石竹、麝香石竹、酒花、丁香、花边香石竹等。参见《植物学宝库》第 398 页。

从乔叟的作品中我们了解到，康乃馨曾被称作丁香石竹，爱德华三世统治时期，人们开始将其栽种于英国花园中。当时它们被用作香料，给葡萄酒和啤酒增加辛香口感，"酒花"由此得名。

"她形态各异的春之香草：

甘草，蓬莪术，

还有那些丁香石竹，

——加到受潮或是变味的啤酒里，

令其焕然一新。"

杰拉德告诉我们："用丁香石竹和糖做成的蜜饯香甜无比，偶尔吃一些，对心脏大有裨益。"

"早在 1769 年，我们就发现康乃馨可分为四类，即薄片康

---

① 译者注：康乃馨（carnation）被认为源自拉丁语 caro（肉），以及 incarnation（道成肉身）。

乃馨、异形康乃馨、花边香石竹和'胭脂夫人'。薄片康乃馨仅有两种色彩，条纹贯穿整片花瓣。异形康乃馨的花瓣或呈斑点状，或由三种截然不同的条纹组成。花边香石竹的花瓣在白色的底色之上，伴以多种颜色的斑点，令花朵看起来像是蒙上了一层彩粉。

"'胭脂夫人'花瓣底面为白色，表面为红色或紫色，仿佛面颊之上施以脂粉。遗憾的是，最后这一品类已经在栽培中彻底销声匿迹，今天的许多花匠甚至不知道它曾经存在。余下三类之中，前两类至今保持不变，而花边香石竹的花瓣则从遍布斑点变为外缘镶以彩边，底色（通常为白色或黄色）上出现任何斑点都会减损它作为观赏花卉的价值。此外还有一类，就是丁香。它们虽没有得到保守派花商的青睐，但是无疑广受大众的喜爱。丁香是单色花，不过可以呈各种色彩——深红色和白色丁香仍然最广为人知。"（摘自罗宾逊《英国花园》）

September 1899

胡萝卜（Carrot）——Daucus Carota（林奈）

分类：伞形科

产地：欧洲和东方

药性：新鲜根须可驱肠虫

爱文斯　记住，威廉，拉丁文的"称呼格"是"caret"。

桂　嫂　胡萝卜的根才好吃呢。

——《温莎的风流娘儿们》第四幕第一场

胡萝卜（盎格鲁—撒克逊人称为"鸟巢"，得名于其种子成熟后呈花簇的形状）是一种常见蔬菜，主要种植于私人院落和商业菜园。它在伊丽莎白女王统治时期作为食用蔬菜被引入英国，最先种植于肯特。1629 年，帕金森（Parkinson）在书中提到，在他的时代，妇女以胡萝卜叶替代羽毛作为饰品；劳顿（Loudon）则在《园艺百科全书》第 835 页中写道，在冬天，可以将胡萝卜较宽的一端切下来，放入灯芯，置于盛水的浅容器中，一个雅致的小灯饰便做成了。嫩叶伸展开来，浮在水面托举着灯火，煞是好看。

雪松（Cedar）——Cedrus Libani（巴雷列雷）

别称：上帝之树、黎巴嫩雪松

分类：松柏科

产地：小亚细亚、阿富汗、喜马拉雅山脉和阿尔及利亚

像**雪松**一样亭亭直立。

——《爱的徒劳》第四幕第三场

我这株巍峨的**雪松**，

在它的枝头曾经栖息过雄鹰，

在它的树荫下曾有狮子睡眠。

——《亨利六世》下篇第五幕第二场

莎士比亚作品中共有十一次写到雪松，始终将它用作庄严雄伟的象征。雪松繁衍于英格兰全境，维多利亚州、新南威尔士州和塔斯马尼亚岛的部分地区，以及新西兰的低洼河滩。雪松木价值很高，主要用于打造细木家具。

维奇在《松柏手册》中写道："黎巴嫩雪松分泌的树液量不大，但功能很多，其中一些功能在上古时代便为人所知。据说古埃及人用它淡白色的树脂为尸体防腐，普林尼则指出古代有时会用雪松树脂给书籍增香。"雪松树脂最新被发现的一个有趣功能记录在司米思那本饶有趣味的《我的花园》第429页："雪松木中含有性状不稳定的精油，当接触到打字机的油墨后，可使墨迹紊乱。若干年前，有人用英格兰银行发行的一张纸币付款，发现

上面字迹混乱，于是警察开始追查它的来源，前面几位使用者都清楚地交代了来龙去脉。随后，这张纸币被拿到我这里，我提议警探查问它是否曾被存放在雪松木盒子里。他们发现上一位主人果然曾把它放在自己新买的雪松木盒中，至此真相大白。"

雪松是英格兰贵族庭院中的常见树种，而且往往长到相当高的高度。华威城堡和布莱尼姆宫的雪松可能是最优的栽培品种。"它们最早被引入英国的时代难以确知，大约在查理二世前后。"福克德在《植物传说与抒情诗》中写道："著名的所罗门圣殿以毛石铸成，'殿里一点石头都不显露，一概用雪松木遮蔽。上面刻着野瓜和初开的花。'自所罗门王的时代起，黎巴嫩的雪松林大幅减少，已经所剩无几。不过，胡克博士于1860年找到了400株左右，最近一位赴圣地的旅者崔斯特瑞姆则发现了黎巴嫩群山中有一处雪松繁茂之地。黎巴嫩最古老的十二株雪松被冠以'所罗门之友'或者'十二使徒'的称号。阿拉伯人将所有古树都称作圣徒，并且相信任何伤害它们的人都会遭受噩运。"

伊万林称，在由提卡的阿波罗神庙发现了将近两千年的雪松木。"还有一例在西班牙萨贡蒂的一间敬奉月神狄安娜的小礼拜堂里，是特洛伊覆灭之前200年从桑特岛运过去的。"

樱桃（Cherry）——Prunus Cerasus（林奈），Cerasus Vulgaris（林奈）

分类：蔷薇科

产地：欧洲和亚洲

我们这样生长在一起，

正如并蒂的**樱桃**，看似两个

其实却连生在一起。

——《仲夏夜之梦》第三幕第二场

她跟您长得再像不过，

就像两颗**樱桃**一样。

——《亨利八世》第五幕第一场

　　莎士比亚在作品中七次写到樱桃。这种结出如此可口且美丽的水果的植物，据说最初是由罗马人引入英国的。樱桃在维多利亚州和塔斯马尼亚岛繁茂生长，在新西兰、澳大利亚南部和新南威尔士也时常可见。

　　福克德在《植物传说与抒情诗》第 279 页中写道："公元前70 年左右，卢库鲁斯战胜米特拉达梯后，从本都带走了樱桃树，并引入意大利。一个世纪以后，英国开始种植樱桃，不过在撒克逊时代，樱桃的栽培品种一度散失。'新鲜的樱桃，刚摘的樱桃'——15 世纪的伦敦街头回荡着这样的叫卖声。不过，这些樱桃应该是本土的野生樱桃，因为栽培樱桃直到亨利八世时代才重新被引进——由一位水果商从佛兰德斯带回英国，在特纳姆开辟了一片樱桃种植园。"

"樱桃树渗出的树脂被认为与阿拉伯胶有同等价值。"哈塞尔奎斯特讲述了一次围城战，一百多名士兵在没有其他营养品的情况下，仅靠吸食樱桃树的树脂存活了将近两个月。

栗子（Chestnut）——Castanea vesca（格特纳），Castanea sativa（米勒）

别称：甜栗、西班牙栗、萨第斯坚果

分类：壳斗科

产地：欧洲、亚洲和美洲

一个水手的妻子坐在那儿吃栗子，

唷呀唷呀唷呀地唷着。

——《麦克白》第一幕第三场

▶我们这样生长在一起，正如并蒂的**樱桃**，看似两个其实却连生在一起。——《仲夏夜之梦》第三幕第二场
庄重的人不该跟魔鬼一起玩**樱桃**核弹珠。——《第十二夜》第三幕第四场

那颜色好极了，

栗色是最好的颜色。

——《皆大欢喜》第三幕第四场

在澳大利亚的许多地区，栗树生长格外茂盛，产果量很大。栗树有价值的不只是营养丰富的果实，还有它的木材，是公认十分结实耐用的建材。栗子是南欧的一种主要食材，而对大多数人来说，它是备受喜爱的甜点。栗树适宜在富壤土中繁殖，且有多种方式，可通过播种，亦可通过嫁接。

许多人相信栗树也是英国的本土树种。普林尼称"这种树是由本都（Pontus）的萨第斯（Sardis）引入我国的，因此又被称为'萨第斯坚果'或'萨第斯橡子'"。希斯在《我们的林地树木》中写道："曾经有一段时间，人们认为很多英格兰最古老的房子都是以栗木为建材。基于这种推测，人们也进而相信栗树是英国本土树种。但是，法国博物学家布丰第一个唤起了人们对此话题的关注，他指出，栗木和无梗花栎的木材十分相似，根据进一步的研究，那些被认为是栗木的老房子的木材，实际上是无梗花栎木。威斯敏斯特宫的华丽尖顶属于古老的木结构建筑，曾一度被认为是由栗木所筑，不过今天已知是无梗花栎木……栗树可以达到极高的树龄，一棵至今仍生长于埃特纳山的栗树可能是世界上最古老的树木之一。而可以肯定的是，它是全世界最庞大的树木之一，其围长可达到惊人的 204 英尺！一眼望去，这株伟岸的栗树并不像是单独一棵树，而像是好几棵，因为它的主干已经裂开，中间是空的，其空间大到足以容纳一群羊，或让两驾马车并驾齐驱。"科尔比（Kirby）在《树木篇章》中告诉我们，这棵巨大的栗树被称作"百马之树"。根据一篇报道，在一次猛烈的暴风雨中，阿拉贡的简女王和随行的一众贵族全部得以栖身于它的枝条下遮风避雨，是以得名。

英格兰已知最大的栗树样本，其中一棵在克罗夫特城堡，高达八十英尺，围长二十六英尺；另一棵则在托特沃斯，其围长早在 1721 年就已达到五十七英尺，目前则在四英尺树高处达到了六十英尺，其直径将近七码——不过如今它已衰朽不堪。

三叶草（Clover）——Trifolium pratense（林奈）

别称：红花苜蓿、泥灰草、蜂粮草

分类：豆科

产地：欧洲和温带亚洲

药性：胸病辛味药

那平坦的牧场，当初有多么美好，

缀满着满脸雀斑的牵牛花、地榆和绿油油的三叶草。

——《亨利五世》第五幕第二场

你知道我要用一些花言巧语去迷惑那老安德罗尼斯，

那些言语是比引诱鱼儿上钩的香饵

或是毒害羊群的肥美的**苜蓿**更甜蜜更危险的。

————《泰特斯·安德洛尼克斯》第四幕第四场

三叶草在莎士比亚时代又称为"蜜秆"，英文 clover 是 clava
（扑克牌中的"梅花"）之讹变。它作为牛马的饲料而被广泛
种植。

三叶草有很多品种，仅在英国就有二十余种，不过其中只有
十种是牧场草种，其余则是杂草。白三叶草，或称荷兰三叶草、
忍冬草或羊三叶草，是最有价值的饲料植物，原生于欧洲、亚
洲、北非和美洲。它被奉为爱尔兰的国花，是三位一体的象征，
也是干旱贫瘠土壤中适宜栽种的饲料作物。参见《植物学宝库》
第 1170 页。据《植物传说与抒情诗》所载，找到四个叶片的三
叶草代表好运气，不只在英格兰如此，在法国、瑞士和意大利亦
如此。人们相信它能带给人们幸福，对于年轻女孩儿而言，则意
味着很快找到如意郎君。有两句古老的诗行如是说：

"若你寻得一片圆整的白蜡叶，或是四叶的三叶草，

日落之前必能得见真爱。"

耧斗花（Columbine）——Aquilegia vulgaris（林奈）

分类：毛茛科

产地：欧洲和东方

药性：治疗咽喉痛和口疮

我就是那战士之花，——

那薄荷花。

那白鸽花。

——《爱的徒劳》第五幕第二场

这是给您的茴香和**耧斗花**。

——《哈姆雷特》第四幕第五场

耧斗花，又称白鸽花，是一种老式英格兰花卉，至今仍在花园中享有一席之地。它美观、耐寒、易于栽培，而且种类繁多，可以满足各种人的品位。

耧斗花的英文名称 Columbine 来源于拉丁文 Columba，意为鸽子，以其蜜腺形似环绕餐盘的鸽首——那是古代艺术家所钟爱的工艺品。

耧斗花的统称 Aquila 意为"鹰"，因其蜜腺与百鸟之王的利爪相似。"这种植物以往有时被称作狮子草，因为有人认为它是狮子最喜爱的花草。"福克德在《植物传说与抒情诗》中如是说。

栓皮栎（Cork）——Quercus suber（林奈）

别称：软木橡树

分类：壳斗科

产地：欧洲和北非

求求你拔去你嘴里的**橡木塞**，

让我饮着你的消息吧。

——《皆大欢喜》第三幕第二场

一会儿船上的大桅顶着月亮，

顷刻间就在泡沫里卷沉下去了，

正像你把一块**软木塞**丢在一个大桶里一样。

——《冬天的故事》第三幕第三场

把他**栓皮**般的手臂牢牢绑起来。

——《李尔王》第三幕第七场

栓皮栎于17世纪末被引入英格兰，其软木被广为使用，特别是用于制鞋。从西班牙出口的软木数量最大、质量最佳。这种植物在澳大利亚的许多区域茂盛生长。一些树龄合宜、品相上佳的初生栓皮曾被送到1876年的费城博览会参展，代表了墨尔本植物园的种植成果。园中的栓皮栎已经从几年前开始出籽。

栓皮栎树龄可达几百年。给树干剥皮是一件精细活儿，需要高超的技术，以免伤及韧皮部或内部。如果操作得当，树皮会再次生长，如之前一样饱满。不过，一棵栓皮栎需要充分生长二十年，才可以剥皮用作商业用途。《植物学宝库》中写道："栓皮栎的外皮剥下之后，投入坑洞，于水中浸泡，其上镇以重物，将其压平。随后，将它的表层烧焦，以堵塞气孔，如同一层盖子。"

科尔比写道："栓皮的品质参差不齐，其中一些远优于同类。那些生长在树上太久的树皮质地比较疲软粗糙，且有更多虫蛀……不过近来我们得知，一种黏合剂已被发明出来，可将两条质量较好的嫩皮接合起来，作为一整片再作切割——那些质量最优的大型软木塞便是以此法制作。此外，在瓶塞的上部用印度橡胶作涂层，可以进一步提升塞子的性能，防止其在地窖中受潮。"

据记载，每棵栓皮栎的平均产量为"每十年十磅软木塞，不过在极佳的生长环境下可高达二十磅"。

October 1899

小麦（Corn）——Triticum Vulgare（林奈）

分类：禾本科

产地：未知

正当强大的敌人十分猖狂的时候，

我们就像秋天收割**麦子**一样把他们铲除了！

——《亨利六世》下篇第五幕第七场

即使小麦的叶片会倒折在田亩上，

树木会连根拔起。

——《麦克白》第四幕第一场

她的敌人将在她面前战栗，

像田里倒翻的**麦子**，悲哀地垂下头来。

——《亨利八世》第五幕第四场

　　莎士比亚的作品中至少三十次写到了小麦。这种在欧洲北部和北美广泛种植的谷物，已经彻底适应了澳大利亚的环境。事实上，许多品质最好的小麦就产自澳大利亚。

　　林德利博士（Dr.Lindeley）在他的《植物王国》（*Vegetable Kingdom*）中写道："小麦、燕麦、大麦和黑麦的原产国至今无人知晓，这是一个十分值得关注的境况。虽然切斯尼上校在幼发拉底河两岸发现了野生的燕麦和大麦，但是他们是否来自种植的遗留，仍然难以确知。久而久之，人们逐渐形成了一种观点，认为我们所有的谷类都是人工栽培的产物，最初偶然被人类所获，但一直保持着自身的特性。"《钱伯斯百科全书》中指出，自远古时代起，人类就开始栽培小麦。它是古埃及和巴勒斯坦的主要粮食作物，现在仍在欧洲、亚洲和非洲的所有温带地区种植。在印度北部，小麦种植达到了相当可观的规模。在北美，它被非常广泛地种植，美国和英国属地尤为适宜栽种。南美的广大地区亦如此。在热带，小麦生长状况不佳，除非在高海拔地区。最适宜小麦生长的是亚热带——虽然它是一种耐寒植物，被积雪覆盖的情况下甚至可以度过北欧的凛冽寒冬。

"有一种有力的推测，认为那些主要谷物，也即小麦、燕麦、大麦、黑麦和玉米，最初一定是由某个远古文明或者在某个业已消失的大陆被驯化，那里曾有最初的野生植株。"

达尔文十分认同地引述了本森的《栽培植物史记》："根据所有可信的证据，没有一种谷类植物（小麦、黑麦、大麦或燕麦）存在或曾经存在过当下状态所对应的真正野生品种。"达尔文在《家养动物和培育植物的变异》第一卷第 382 页中写道："在石器时代的欧洲，五种小麦和三种大麦曾被种植。"他指出，现存于瑞士湖区的一种小麦被称为"埃及小麦"，再加上与其伴生的杂草，由此可以推论"湖区居民或者还与某些南方居民保持着商业往来，或者最初便是由南方迁徙过来的殖民定居者"。我认为，他们作为殖民定居者，真正来自的地方是"小麦和大麦最初被驯化的地方，也即亚特兰蒂斯"（伊格内修斯·唐纳里《亚特兰蒂斯：太古的世界》，第61页）。

竹子、芦苇、甘蔗和小米，都是禾本科中的巨型植物，其中若干品种可长至六七十英尺之高。芦苇属中的芦竹（Arnundo donax）在维多利亚州、新南威尔士州和昆士兰州可高逾二十英尺。目前已有好几百种禾本科植物为科学界所知，仅澳大利亚便有350种左右，其中又有135种在维多利亚州。

黄花九轮草（Cowslip）——Primula officinalis（雅克恩），Primula veris（林奈）

别称：莲香花、药用樱草、圣彼得草

分类：报春花科

产地：欧洲和小亚细亚

药性：镇静、利尿

在她的左胸还有一颗梅花形的痣，

就像莲香花花心里的红点一般。

——《辛白林》第二幕第二场

蜂儿吮啜的地方，我也在那儿吮啜；

在一朵**莲香花**的冠中我躺着休息。

——《暴风雨》第五幕第一场

众所周知，黄花九轮草富含大量花蜜，因此最为蜜蜂所钟爱。

亭亭的**莲馨花**是她的近侍，

黄金的衣上饰着点点斑痣；

那些是仙人们投赠的红玉，

中藏着一缕缕的芳香馥郁。

——《仲夏夜之梦》第二幕第一场

黄花九轮草向来是孩子们最喜爱的野花，它几乎与报春花和牛唇报春一模一样，而所谓的西洋樱草也只不过是它的另一种栽培形态。黄花九轮草在一些旧时的草药书籍中称作"药用樱草"，不过这两种名称都没有得到令人满意的解释，除了前者使人想到它"清淡而迷人的、有如草场微风的馨香"。"圣彼得草"之名的由来，据说是因为其吊坠形的花朵使人联想到使徒约翰的象征"天国钥匙"。在英国、法国和德国的一些地区，一种美味的葡萄酒便是通过蒸馏黄花九轮草的花瓣而酿成，据说有"安定心神、促进睡眠之功效"。蒲柏写道：

"缺少睡眠的人，

来点莴苣和莲香花酒，

——这配方屡试不爽"

"在英格兰，开放的黄花九轮草是寻觅羊肚菌的信号——那是食用菌类中最美味的一种。它生长于疏阔的丛林或灌木尚未长高之处，时常在榆树笼罩（或其附近）的老公园和牧场里觅得。"杰基尔如此写道。

番红花（Crocus）——Crocus sativus

别称：藏红花

分类：鸢尾科

产地：希腊和小亚细亚

药性：兴奋、止痉挛

你用你的**橙黄色**[①]的翼膀

常常洒下甘露似的清新的阵雨

在我的花朵上面。

——《暴风雨》第四幕第一场

———————

[①] 译者注：番红花的别称Saffron也表示橙黄色。

我要不要买些**番红花**粉来把梨饼着上颜色？

　　　　　　　　——《冬天的故事》第四幕第二场

　　番红花是一种秋天开花的淡紫色球茎，虽然最初来自叙利亚，却被认为是由罗马人引入英格兰的。现在它主要种植于法国、西班牙和中国，以药用为主，也用作香料和黄色染料。

　　《植物学宝库》第349页写道："番红花最初环绕萨弗伦沃尔登栽种，被部分地顺化，供应药店所需——药店将拣选花柱，将深橘色柱头聚集在一起，细心风干。佩瑞拉博士提到，一格令的高品质商品番红花包含九朵花的花柱和柱头，所以生产一盎司的番红花需要4320朵花。如今，英国种植的番红花已很少见于商业用途。品质最佳者进口自西班牙，其次则普遍认为是法国。每年番红花的进口量在5000至20000磅之间。"另外，所谓的"红花"也呈深橘色或各种色度的黄色，它时常与真正的番红花相混淆，实际上两者有区别。红花（Carthamus tinctorius）是一种菊科植物，红花染料用到的是它的小花。

杜鹃花（Cuckoo Buds and Flowers）——Ranunculus acris（林奈）

　　别称：毛茛、鳞茎毛茛等

分类：毛茛科

产地：欧洲和北亚

当杂色的雏菊开遍牧场，
蓝的紫罗兰，白的美人杉，
还有那**杜鹃花吐蕾娇黄**，
描出了一片广大的欣欢。

——《爱的徒劳》第五幕第二场

　　虽然在当代，"杜鹃花"之名用来指代"草甸碎米荠"或者"酢浆草"，但是学者们普遍认为，所谓的"杜鹃花"最初指的是"毛茛"，普莱尔还为此观点给出了可信的理由。然而，司文芬杰维斯在他1868年出版的《莎士比亚语言词典》中认为，黄花九轮草才是"杜鹃花吐蕾娇黄"一句中所指的植物，而非毛茛。必须承认，这两种植物都给英格兰春天的田野和草地涂上了金黄的色彩。毛茛品类纷繁，至少有十五个野生品种存于英国，它们遍布各地，是常见的野草。如《植物学宝库》第958页中所写："不过在诸多栽培品种中，花商主要种植的都是花毛茛。"所谓"白色矢车菊"指的是乌头叶毛茛的花朵，"黄色矢车菊"则是草甸毛茛的重瓣品种。在维多利亚州共发现了九种毛茛属植物。

醋栗（Currants）——Vitis corinthiaca（拉菲内斯克）

别称：桑特醋栗或科尔都斯葡萄

分类：葡萄科

产地：希腊

我要给我们庆祝剪羊毛的欢宴买些什么东西呢？

三磅糖，五磅**醋栗**。

——《冬天的故事》第四幕第二场

　　这里的"醋栗"并非英国醋栗——莎士比亚的作品中未曾提及英国醋栗，而是指产自希腊群岛的一种黑色小葡萄干。英国醋栗据说因与桑特醋栗（葡萄）相似而得名，后者脱水后变成了商店里售卖的科林斯果干。

　　英国醋栗常为黑、白、红三种颜色，是北欧、北非和喜马拉雅地区的本土植物，与同为醋栗属的鹅莓非常相近，后者属于虎耳草族。

　　英国黑醋栗的果实带有宜人的微酸，常常作为甜点，或用作馅饼的馅料。同时，它的果汁所制成的胶冻十分美味，常在吃野兔、鹿肉和羊肉时作为甜品佐餐。此外，它还大量用于酿葡萄酒，为此在埃塞克斯、肯特和伍斯特郡的珀肖尔一带达到了相当可观的种植规模。

　　醋栗的野生品种见于俄罗斯和西伯利亚的潮湿的森林，当地人也用它酿酒——仅以醋栗为原材料，或者与蜂蜜共同发酵，作为零食或者烈酒的下酒物。在西伯利亚，人们还使用醋栗的叶子酿酒，它将普通的烈酒赋予白兰地般的风味；或者将醋栗叶风干，与红茶混合，二者相得益彰。

有几种澳大利亚植物被冠以"醋栗"之名：臭叶木是维多利亚州本土的"醋栗"，帚灯檀是新南威尔士州和昆士兰州的"醋栗"；"高山醋栗"则产于塔斯马尼亚岛。这些植物都与醋栗属无关。

柏树（Cypress）——Cupressus sempervirens（林奈）

别称：罗马柏树、意大利柏树或常青柏

产地：欧洲和东方

*叫他们最舒适的住处都变成墓道旁的*扁柏林*！*

——《亨利六世》中篇第三幕第二场

过来吧，过来吧，死神！

*让我横陈在凄凉的*柏棺*的中央。*

——《第十二夜》第二幕第四场

我在**柏树**林里等着。

——《科里奥兰纳斯》第一幕第十场

象牙的箱子里满藏着金币，

柏木的橱里堆垒着锦毡绣帐、绸缎绫罗、美衣华服，

珍珠镶嵌的绒垫、金线织成的流苏以及铜锡用具。

——《驯悍记》第二幕第一场

　　与莎士比亚时代一样，柏树现在也常与悲伤和墓地联系在一起。它在欧洲南部茂盛生长，并且很早就被引进英格兰。

　　维奇的《松柏手册》中有一篇有关柏树的有趣文章，里面写道："柏树的经济价值不算太高，虽然它的木材很难用一般的手段摧折，除非用火烧。这种坚固的特性为古希腊和古罗马人所知，他们用柏木建造各类家具，以及木箱、藤架、木杆、栅栏。特别是用来制作棺材，因为他们发现柏木在入土之后许多年仍然可以有效抗腐蚀。直到今天，欧洲南部仍然将柏木用于类似用途。在英国，柏木唯一的用途是观赏。虽然这种树已引入英国三百多年，但是由于气候原因，老树十分罕见。在欧洲南部，柏树可以达到很高的树龄，树高有时可以长至一百英尺以上。在法国和意大利仍有古柏留存，具有很高的历史价值，它们常在文学和艺术中占有一席之地。在罗马查尔特勒修道院的花园中矗立着三棵柏树，它们是由迈克尔·安格鲁（1474—1563）所植。其中

一棵已经朽烂，另外两棵仍然生机勃勃。伦巴第的'索玛古柏'年代则更加久远，传说它可追溯至公元前 42 年，也即恺撒的时代。除了树龄高之外，相传弗朗索瓦一世在帕维亚战役战败之后，绝望地将佩剑刺入树中。此外，拿破仑也对此树尊崇备至，在制定辛普朗驿道的修建方案时，专门绕开了这棵古柏，以免伤到它。"

卡里埃（Carriere）指出，在蒙彼利埃附近还生长着一棵古柏，树龄已逾八百岁，当地人称为"蒙彼利埃之耳"。据说这座城市脚下南顷的土地上曾覆盖着一片柏树林，如今只剩下这一棵尚存。

福克德写道："有人认为，《创世纪》中所提到的打造方舟的'歌斐木'实际上就是柏木。"

公元 4 世纪时的学者埃比芬尼亚认为方舟的部分遗骸直到他的时代还有残存，并且被断定为柏木。"可以确定的是，克里特岛人用柏木造船，而在建造方舟的亚述，柏树遍地皆是。而亚历山大大帝从巴比伦派出的庞大舰队也是以柏木建造。""提奥夫拉斯图斯十分尊崇柏树，他指出那些古老神庙的庙顶因使用了柏木而享有盛名，用柏木打造的椽子可以永存于世，因为它完全无惧朽败、虫蛀和腐蚀。"

科尔比写道："罗马圣彼得大教堂的门都是君士坦丁大帝时代用柏木所筑。长达一千一百年之后，它们才被拆下，换上了黄铜门。不过哪怕历经千年，它们直到被换下时依然完好如初。"

　　许多绝佳的例子可以证明，在悉尼和新南威尔士州南部，六十多年前移民者所种的柏树仍有留存。在维多利亚州，这种树很少见于花园或种植园，不过在邻近"蕨沟区"的墨尔本植物园里，它可能是我们所能见到的维多利亚州最古老的树木样本——一株高逾五十英尺的柏树。这棵柏树于 1850 年为时任园长的约翰达·拉奇所植。

November 1899

水仙（Daffodil/ Narcissus）——Pseudo-Narcissus（林奈）

别称：黄水仙、圣餐杯花等

分类：石蒜科

产地：西欧

药性：催吐、通便

当水仙花初放它的娇黄，

嗨！山谷那面有一位多娇；

那是一年里最好的时光。

——《冬天的故事》第四幕第三场

普洛塞庇娜啊！

现在所需要的正是你在惊惶中

从狄斯的车上堕下的花朵！

在燕子尚未归来之前，

就已经大胆开放，

风姿招展地迎着三月之和风的水仙花；

比朱诺的眼睑，或是西塞利娅的气息更为甜美的

暗色的紫罗兰。

——《冬天的故事》第四幕第四场

我要带一群姑娘，

一百个像我一样钟情的黑眼睛妞儿，

头戴**水仙花**做的花冠。

——《两位贵亲戚》第四幕第一场

自古以来，英国诗人们便对这种美丽的花卉情有独钟。在东方，水仙也享有很高的地位，穆罕默德本人曾言："如果你有两块面包，卖掉一块，买一束水仙花，因为面包是身体的食粮，而水仙是灵魂的食粮。"

济慈赞誉水仙的美妙诗行总是值得引述：

"凡美的事物就是永恒的喜悦，

它的美与日俱增，它永不湮灭

……是的，抛开那一切，

某种形式的美总会揭去

笼罩在我们心灵上的黑幕。看那太阳、月亮，

还有为天真的羊群

长出遮阴凉棚的古木幼树；又如水仙

和它们生活其间的绿茵世界。"

——《恩底弥翁》

雪莱也有这样的诗句：

"还有水仙，娇美压倒群芳，

他凝视水流深处自己的眼睛，

终于为自身的美而失去生命。"

——《含羞草》

过去几年间，花商们培育出大量优美的杂交水仙品种，它们与双色水仙、粉枝莓、博落回、锦葵、七叶兰、红口水仙等著名花种杂交或再杂交，将这种美丽且耐寒的春季花卉变得如此丰富多姿。在《邱园索引》中记载了五十余种水仙名称，而杂交水仙的种类则数以百计。罗宾逊在《英国花园》中写道："它们的大小、颜色和形态千差万别，仅用水仙一种花就可以轻易组成一座最迷人的花园，也因为它们如此绚丽夺目，其他更平凡的花种必须大片栽种来与之相衬。"

在英格兰的许多地方，水仙如草般茂密地野生于林中，因为那里有丰富的腐叶土，球茎得以大量繁殖。蓝风信子和黄水仙结伴而生，堪称英国树林中最为美妙的色彩组合！休姆在他脍炙人口的散文诗《常见野花》中写道："除了风信子之外（见另一幅插图），没有一种野花能够像花期中的水仙一样繁茂艳丽。我

▶普洛塞庇娜啊！现在所需要的正是你在惊惶中从狄斯的车上堕下的花朵！在燕子尚未归来之前，就已经大胆开放，风姿招展地迎着三月之和风的**水仙花**；比朱诺的眼睑，或是西塞利娅的气息更为甜美的暗色的紫罗兰。——《冬天的故事》第四幕第四场

demourues

们也许有时见到白色的山楂花缀满树篱，或是无数水毛茛铺满溪流。我们也许有时见到罂粟花在田野间刻下一道明艳的猩红，或是野芥子汇成一片金黄。但是，说到繁花似锦的感觉，无论什么时节、什么地方，都无法真正与春日的树林相匹配。悬垂的枝条下，目力所及之处都是一片金色和紫色，上千朵水仙或风信子将浓绿色的苔藓和深褐色的落叶掩盖，只有脚下的方寸之地例外。在我执笔之处不远的深林之中，这绝美的景象是大自然一年一度的馈赠。每当此时，邻镇的人纷纷前来采摘，带走满捧的风信子和水仙，然而无论如何采摘似乎都毫不减损它们的缤纷绚烂。"

林地或许该被称作"野生花园"，或是由大自然所打理的花园，有关于此，杰凯尔在他有趣的著作《树林与花园》第 48 页中写道："而如今矮林之美主要在于大片的水仙。林中贯穿着一道道平行的浅洼地，根据最低洼处计算，它们彼此间约有九步之遥。当地相传那是旧时驮马道的残余，它们常见于高山上石楠丛生的类森林……在大部分地方它们都是三到四条同时出现，几乎紧挨着。老一辈解释说，一条驮马道变得过于破旧之后，人们就会在旁边开辟一条新的。在这些驮马道穿过白桦矮林的地方，水仙便栽种在老路的浅坑中——约三码宽、三四十码长的范围内种植同一个品种。两条种植着黄水仙和喇叭水仙的驮马道此时已如鲜花攒动的河流，在天光云影之下，宛如画中一般。"

雏菊（Daisy）——Bellis Perennis（林奈）

分类：菊科

产地：西欧

药性：旧时用作药草，被认为可治疗肝郁

让我们找一块**雏菊**开得最可爱的土地，

用我们的戈矛替他掘一个坟墓。

——《辛白林》第四幕第二场

她编了几个奇异的花环来到那里，

用的是毛茛、荨麻、**雏菊**和长颈兰。

——《哈姆雷特》第四幕第七场

她的另一只纤手，在床边静静低垂，

映衬着淡绿床单，更显得白净娇美，

像四月**雏菊**一朵，在草原吐露芳菲。

——《鲁克丽丝受辱记》第 393 行

雏菊无香，却雅趣盎然。

——《两位贵亲戚》第一幕第一场

这种闻名遐迩的小小的田野之花是英国诗人的又一宠儿，最情有独钟者莫过于乔叟。雏菊，或曰"白昼之眼"①，被视作原野中最为朴素、清新、纯洁的存在。

在花园中，雏菊也是实至名归的最受欢迎的花卉。它们只需要简单地栽培就可以快速生长，而且善于适应不同的土壤和环境。在春天的花园里，雏菊是重要的装点。几种不同品类和色彩的雏菊一簇簇、一丛丛地大片混杂，会产生一种摄人心魄的美。参见《植物学宝库》第134页，以及笔者的《澳大利亚植物学》第64页。

西洋李（Damson）——见李子（Plum）

海枣（Date）——Phoenix Dactylifera（林奈）
分类：棕榈科
产地：北非和阿拉伯半岛

> ▶让我们找一块**雏菊**开得最可爱的土地，用我们的戈矛替他掘一个坟墓。——《辛白林》第四幕第二场

---

① 译者注：雏菊的英文 Daisy 源自 Day's Eye，意为白日的眼睛。

the painted Lady r.

我要不要买些番红花粉来把梨饼着上颜色？豆蔻壳？**枣子**？

——不要，那不曾开在我的账上。

——《冬天的故事》第四幕第三场

潘达洛斯　你不知道怎样才算一个好男子吗？家世、容貌、
　　　　　体格、谈吐、勇气、学问、文雅、品行、青春、
　　　　　慷慨，这些岂不都像香料和盐巴，足以加强一
　　　　　个男子的美德吗？

克瑞西达　是呀，这样简直是以人为脍啦；烤成了一张没有
　　　　　"枣"的馅饼，这位男子恐怕时日不"早"了。

——《特洛伊罗斯与克瑞西达》第一幕第二场

点心房里在喊着要**枣子**和榅桲呢。

——《罗密欧与朱丽叶》第四幕第四场

做在饼饵里和在粥里的**红枣**，是悦目而可口的，

你颊上的**红枣**，却会转瞬失去鲜润。

——《终成眷属》第一幕第一场

海枣树外形秀颀，高度可达八十余英尺。在新南威尔士、昆
士兰以及澳大利亚西部和南部的一些区域，它们的生长如在亚洲
一般迅速，而在维多利亚州则生长较为缓慢。在澳大利亚，年代

最久、体型最大的海枣树样本现存于植物园，十五年前由笔者从私人园林中移栽过来。其中三棵至少有四十五岁，分别由已故的柯林斯街的霍韦特博士、艾斯特维克的希尔斯先生和布莱顿的奥尼尔先生所植。然而，只有六颗种子成功发芽，都是由霍韦特博士所培育，他将其中两株幼苗给了奥尼尔，一株给了希尔斯，剩下三株留给自己。这些优质样本如今挺立在草坪中，分外夺目。尽管在此地生长迟缓——将近半个世纪才得以成熟和完全适应，两株海枣树已于今年结果。

正如椰子树之于南太平洋岛民，海枣树之于阿拉伯人十分重要。它不仅为他们提供营养丰富的食物，还可提供衣服、房屋、糖、织垫、棕榈酒以及各类生活用品的材料。

《植物学宝库》中写道，海枣树大量种植于北非各处，西亚和南欧则相对少些。在其中一些地方，它那对我们而言无异于奢侈品的果实，为当地大多数人提供了最主要的食物，一些家畜如狗、马和骆驼也同样对它情有独钟。海枣树通常能长到六十到八十英尺高，树龄也很长，一百至二百岁之间的树木可以每年产果。阿拉伯人发现了大量不同品种，并根据它们的形状、大小、品质和成熟期冠以不同名目。然而，对于这种散布各地的树种来说，果实并不是它唯一有价值的部分，像椰子树一样，它全身上下都有用武之地。穷人的茅舍完全用它的树叶筑成，树干基底的纤维可用于制作绳索和粗布；树枝可制作木箱、筐篮、扫帚、拐杖等；木材可筑造坚固的房舍；嫩叶心可作蔬菜；树液则是一种迷人的饮品——不过榨取树液需要毁掉一整棵树；即便是最坚硬、看起来最没用的果核碾碎后也可作为骆驼的食物。

"年成尚好的时候，土耳其的海枣农每年可产出 40000 至 60000 吨果实。"勒迪克如是说。"据估计，仅埃及一国就生长着四百万棵海枣树，它们所产的大部分果实在本地就可以被消费掉。""哪怕在微咸的土壤和水源环境下，海枣树也可以茁壮生长。"科尔维尔医生如此写道。

共有十一个海枣品种为植物学家所知，除两种见于非洲东南部之外，其余则限于北非和亚洲热带地区，向东远及中国香港。

在所有海枣品种中，最优雅、美观、坚固和速生的大概要数加纳利群岛的"加纳利海枣"，它的优质样株在墨尔本一带的许多植物园中都可见到。人们普遍认同，澳大利亚栽种得最好的两棵加纳利海枣树在布莱顿岛弗戈先生的花园里（它们每年硕果累累），其中一棵在大学的湖心岛，另一棵则在植物园，由阿德尔曼·塔科特所植。

露莓（Dewberry）——Rubus caesius（林奈）

别称： 英国露莓

分类： 蔷薇科

产地： 欧洲、东方和北亚

恭恭敬敬地侍候这先生，

蹿蹿跳跳地追随他前行；

给他吃杏子、**露莓**和桑葚，

紫葡萄和无花果儿青青。

——《仲夏夜之梦》第三幕第一场

露莓与黑莓有些相似，但有着更大的核果，也成熟得更早。参见《植物学宝库》第 995 页。

"可抗严寒，可耐干旱，亦可耐酷暑，在这方面，露莓可谓所有黑莓类灌木中适应性最强的品种。在俄罗斯，露莓常和苹果同煮，制成一种蜜饯，风味绝佳。当季之时，露莓有很长的产果期。在植被茂密的地方，露莓很容易归化，并被茂盛的植物所庇护。"布尔梅斯特写道。"一些人将露莓视作黑莓诸多品类中的一种。"——穆勒《中高纬度植物选》。

酸模（Dock）——Rumex crispus（林奈）

别称：皱叶酸模

分类：蓼科

产地：欧洲和北亚

药性：改善体质、除垢

在那休耕地上，

只见**酸模**、毒芹、蔓延的紫堇站住了脚，

扎下了根。

——《亨利五世》第五幕第二场

他一定要把它种满了荨麻。

或是**酸模草**，锦葵。

——《暴风雨》第二幕第一场

酸模常常被视作无用的杂草，不过把它榨出的汁液敷于创口是治疗荨麻刺伤的妙方。更加鲜为人知的是，酸模的叶子有解渴的功效。如果这一特质被我们的丛林居民了解，无疑会得到他们的广泛重视。在求水不得的时候，那些伸手可及的酸模叶将拯救许多口渴难耐之人。据记载，古罗马人便采用口含酸模叶的方式解渴，参见加法叶的《澳大利亚植物学》第 64 页，及《植物学宝库》第 998 页。

乌木（Ebony）——Diospyros Ebenum（科尼格）

别称：锡兰乌木

分类：柿科

产地：印度和锡兰

使我从我的雪白的笔端注出了**乌黑的**（Ebon-coloured）墨水。

——《爱的徒劳》第一幕第一场

国王　凭着上天起誓，你的爱人黑得就像**乌木**一般。

俾隆　**乌木**像她吗？啊，神圣的树木！

　　　娶到**乌木**般的妻子才是无上的幸福。

——《爱的徒劳》第四幕第三场

它的向着南北方的顶窗像**乌木**一样发光呢。

——《第十二夜》第四幕第二场

向他发的应该是爱神的金箭，色丽彩华，

不应该是死神的**黑箭**（Ebon dart），阴森地把他射杀。

——《维纳斯与阿都尼》第 948 行

　　莎士比亚笔下的乌木，如现在一样，是乌黑色木材的代称。在英格兰，"乌木"作为一种树种是在十分晚近才被人们所识。

　　好几种柿属植物的木材都可称作"乌木"，其中最好也最贵、色泽最黑、纹理最美观的，如《植物学宝库》中所说，当属从毛里求斯进口的乌木（D. reticulata）。东印度的乌木主要取自印度乌木（D. Melanoxylon/D. Ebenaster），而产出"锡兰乌木"的最佳树种则是斯里兰卡黑檀（D. Ebenum）。

只有树干的内里，或者叫"心材"才产出乌木，而外部或曰"边材"则白而柔软，类似我们的澳大利亚垂枝相思树。

"乌木最主要的用途是高档细木家具制造、镶嵌工艺、木镟工艺，以及制作各种各样的小部件，如刀柄、门把手、托盘和钢琴键等。"有少量原生柿属树种见于澳大利亚较暖的地区，然而植物学著作中至少记录了八十余种，其中大多数原产自亚洲热带地区和毛里求斯等地，还有十余种产自美国。"美洲柿"（Diospyros Virginiana）也即弗吉尼亚"黑枣"或曰"君迁子"，便原产于美国。而中国和日本的"中国柿"———一种成熟后呈橘黄色的美味水果，如今在新南威尔士州、昆士兰州和维多利亚州的果园中十分常见。

December 1899

野蔷薇（Eglantine）——Rubus rosae folius（史密斯），
Rubus Eglanteria（特拉西尼克）

别称：蔷薇莓、野生覆盆子

分类：蔷薇科

产地：亚洲、新南威尔士、维多利亚和昆士兰

我知道一处百里香盛开的水滩，

长满着樱草和盈盈的紫罗兰，

馥郁的忍冬花，芬泽的**野蔷薇**，

漫天张起了一幅芬芳的锦帷。

——《仲夏夜之梦》第二幕第一场

不，你也不会缺少**野蔷薇**的花瓣

——不是对它侮蔑，它的香气还不及你的呼吸芬芳呢。

——《辛白林》第四幕第二场

一些人认为，莎士比亚此处所写的"野蔷薇"指的是多花蔷薇，或者泛指多刺植物（艾格朗迪尔神父）。

实际上，野蔷薇指的是开白色花朵的蔷薇莓或者野生覆盆子，而多花蔷薇则是开粉色花朵的真正的玫瑰，也就是林奈所命名的"锈红蔷薇"（Rosa rubiginosa），产地为欧洲和高加索山脉。这两种植物均为多刺植物，自古便为英国人所知，不过野蔷薇要

更少见一些。蔷薇莓结果丰富，旧时欧洲常用以制作果酱，如今生活在林地的澳大利亚移民者依然如此。目前，昆士兰植物驯化协会正致力于将野生覆盆子和人工栽培的英国覆盆子进行杂交。

接骨木（Elder）——Sambucus nigra（林奈）

分类：忍冬科

产地：欧洲和北亚

药性：利尿、通便，其花可发汗

让那接骨木般老朽的悲哀在你那繁盛的藤蔓之下，

解开它的枯萎的败根吧！

——《辛白林》第四幕第二场

霍罗福尼斯　　您开始上吊吧，先生；您比我年长，您比我
　　　　　　　懂得多。

俾　　隆　　这话接得好，犹大确是上吊在一株接骨
　　　　　　　木上。①

——《爱的徒劳》第五幕第二场

_____

① 译者注：接骨木的英文 elder 有年长之意，在此处形成双关。相传犹大出卖耶稣后，因羞愧而上吊于一株接骨木。——译者附注

在那覆罩着巴西安纳斯葬身的地穴的一株**接骨木**底下，

你只要拨开那些荨麻，便可以找到你的酬劳。

——《泰特斯·安德罗尼克斯》第二幕第三场

区区小百姓居然对于国王不乐意，

这岂不像孩子玩的**接骨木**枪里射出来的纸弹那样危险啊！

——《亨利五世》第四幕第一场

在莎士比亚时代的英格兰，接骨木背负着恶名，一方面源于它叶子的异味和花的迷醉气息，另一方面则由于它坚硬且空心的木头和其上生长的丑陋真菌。然而，在德国、提洛尔、丹麦和挪威，人们赋予了接骨木多种美德。希腊人和犹太人都用它的木材制作乐器。它的花朵可泡制接骨木水，果实可酿造接骨木酒。此外，接骨木的果实还可用于染色以及给波特酒上色，它的花朵和树皮则可入药。

伊万林谈及它的药用价值时赞美有加："如果接骨木的叶、皮和果实等部分的药用价值被完全了解，那么我真想不到我们的国人还会被什么疾病或伤痛所困扰，因为药物在每一片树篱都伸手可得。"

接骨木有许多不同的种和变种，其中金叶、白绿杂色的品种来自西洋接骨木（Sambucus nigra）的突变，它们是夏日灌木丛中靓丽的风景。澳大利亚本土有两三种接骨木品种，而所有品种中最美的当属红果接骨木（Sambucus racemosa），它原产自中欧和南欧，能结出大簇的鲜红色浆果，长出鲜绿色的叶丛。

榆树（Elm）——Ulmus campestris（林奈）

别称：英国榆

分类：荨麻科

产地：欧洲和东方

药性：镇痛、收敛、滋补、利尿

你是参天的**榆树**，我是藤萝纤细。

——《错误的喜剧》第二幕第二场

女萝也正是这样，

缠绻着**榆树**的皱折的臂枝。

——《仲夏夜之梦》第四幕第一场

　　莎士比亚在此处提到的是意大利旧时的惯常做法——令藤蔓缠绕于榆树或杨树上，此种做法在今天的意大利依然可见，但在英格兰已了无踪迹。在澳大利亚，榆树是最适宜在街巷栽种的落叶树。它生长迅速，夏日可以予人浓荫，抵挡住酷烈的热风。它在任何土壤中都能茁壮成长，不过在沃土中长势最佳。作为一种林木它应被充分重视，它的木材很有价值，不仅用于制作各类家用物件，而且在地下和水下作业中也常常用到。

科尔比在《树木篇章》第94—95页中写道："旧时，人们相信女巫存在，并且会对邻居百般加害，于是蒙昧的人们找到了一些对抗之策。女巫榆（Wych Elm）因被视作防范女巫之树而闻名。实际上，人们认为它的魔力可以施加于许多不同事物之上。即使是现在，在英格兰的偏远地区，奶场女工在搅制奶油时仍十分倚重榆树，她们会从树上摘下一段小枝，放入奶桶之中，扎出一个小洞。如果遗漏了这个程序，她们坚信全天的劳动将一无所获。自撒克逊时代起，榆树便种植于英国，根据英格兰人口土地清册的记载，许多城镇和村庄都以'榆'作为它们名称的一部分。""榆树树龄很长，牛津郡的一些榆树自伊丽莎白女王时代便已闻名于世。温莎景观大道（the Long Walk）的榆树于19世纪初种植，如今享有盛名。"

在英格兰南部有一棵巨型榆树，树围达六十一英尺。它的树干中空，人们为之修了一扇门，并配了门锁和钥匙。

有时在一些节日庆典上，人们相聚于这栋林中的幽僻之所，树中一次可以容纳十多人尚有富余。

尼斯贝特的《英国林木》中指出，红榆（或称硬木榆）、山榆（或称苏格兰榆、女巫榆）、栓皮榆以及软木白榆，都被林奈冠以总称英国榆（Ulmus campestris）。这些品种彼此之间多有交叉，常常十分难以辨别，与其说是截然不同的种，毋宁说是变种。

茴香（Fennel）——Faeniculum vulgare（米勒），Anethum Faeniculum（林奈）

分类：伞形科

产地：欧洲、东方和北非

药性：芳香、排除肠胃胀气、健胃

这是给您的**茴香**和楼斗花。

——《哈姆雷特》第四幕第五场

他掷得一手好铁环儿，他爱吃鳗鱼和**茴香**。

——《亨利四世》下篇第二幕第四场

茴香是一种有着浓烈香气的植物，古时人们认为它有治愈失明的力量，还可以给战场上的战士带来力量与勇气。

朗费罗如此书写它的美德：

"在一众低矮的植物中岿然挺立，

是茴香，擎着它的黄色花朵。

在那古老的时代，

它被赋予神奇的力量，

为失明者重新带来光明。

它给战士们力量和无惧的品格，

令角斗士强壮、凶残，

只要把它掺进他们的三餐。

那勇冠三军的英雄，

将戴上一项茴香花冠。"

皮耶斯指出，干茴香磨成粉之后可以做成香囊，茴香精油则可与其他芳香油一起用来制作香皂。茴香精油通过蒸馏可得。

蕨（Fern）

分类：蕨科

盖兹希尔　咱们已经得到羊齿草子的秘方，可以隐身来去。

掌　柜　　不，凭良心说，我想你的隐身妙术，

　　　　　　还是靠着黑夜的遮盖，未必是羊齿草子的功劳。

　　　　　　　　　　　　　　　　　——《亨利四世》上篇第二幕第一场

如今，收集和观赏蕨类已成时尚。然而在过去，蕨类的声名

不佳，它们被视作有害的杂草，是沟渠之中的无用之物。

蕨科之下有几千个种和变种为科学界所知，它们遍布全世界的地表，无论是大陆还是岛屿，只有两极的荒芜地带除外。

希斯在他的有趣作品《蕨类世界》中写道："要想详尽地列出一份蕨类植物生长地区的清单，恐怕会卷帙浩繁，需要一座图书馆才能容纳得下。而且这份清单永远无法完成，因为这些美丽的蕨类植物有着近乎无限的繁殖能力，它们的疆界一直在不断拓展。"

在南方殖民区中，新西兰的蕨类最为丰富。在澳大利亚大陆，我们目前可以辨认 222 个不同品种，其中维多利亚州拥有不少于七十种，其中不包括石松科植物。附生蕨类"石松"和"鹿角"都是鹿角蕨属的品种，它们在新南威尔士州的克拉伦斯河和里士满河以北生长茂盛。这些蕨类和"鸟巢蕨"一样，不仅常常可见它们附着于莫顿湾无花果树（见第 105 页插图）的枝干，而且可以看到它们包覆着潮湿密林中高大的树蕨和棕榈树。

无花果（Fig）——Ficus Carica（林奈）

分类：荨麻科

产地：欧洲、东方和北非

药性：通便

一个送**无花果**来的愚蠢的乡人。

——《安东尼与克莉奥佩特拉》第五幕第二场

有一个乡下人一定要求见陛下，

他给您送**无花果**来了。

——《安东尼与克莉奥佩特拉》第五幕第二场

莎士比亚十三次写到无花果，多数时候以它表示无关紧要的轻蔑意味。

无花果属之下有数百个种，其中大多数都能长至很高的树龄。无花果的栽培品种可以活 300 年之久，树形也十分高大。它们在希腊和意大利被大范围种植，每英亩产果据说至少可达1500 磅。

《植物学宝库》第 493 页写道："自上古时代起，无花果就在东方被用作食材。它是摩西派以色列人从迦南取回的果实之一，以示那片土地的物产。我们也都读到过亚比该以二百无花果饼为礼物献给大卫王的故事。当时的无花果很可能主要以果干的形式为人所食。在气候温暖的地带，如葡萄干一样，只要在阳光下晾

◀有一个乡下人一定要求见陛下，他给您送**无花果**来了。——《安东尼与克莉奥佩特拉》第五幕第二场

晒就可以轻松制作出无花果干。而且无花果和葡萄一样富有葡萄糖。在晾晒过程中，糖分渗出表皮，形成我们在进口无花果干上见到的那层白霜。它们就这样用自身的糖分实现了防腐，并且适宜作为食粮加以贮藏。"

在澳大利亚，我们有超过四十种不同的无花果品种，有一半在新南威尔士，这一半之中的多数也见于昆士兰和北领地。几乎所有的无花果树都是美观的常青植物，有着亮绿色的叶丛。

澳洲大叶榕，也即"莫顿湾无花果树"，是澳大利亚本土品种，也是最为魁伟的一种。它们常见于新南威尔士和昆士兰的灌木或乔木丛林中，高大的身形总是令人眼前一亮，硕大而蜷曲的根须向四面八方伸展，颀长粗壮的主枝直径可达七英尺，周身包裹着大片深绿色的叶子。在那些野外丛林中，莫顿湾无花果树无

◀澳洲大叶榕，"莫顿湾无花果树"

（威廉·罗伯特·加法叶绘于 1871 年）

这棵树据说仍然生长于新南威尔特韦德河畔的库德根糖业庄园里，庄园曾经的主人是加法叶先生，不过如今已为罗柏先生所有。无花果同科植物的寄生特质在此鲜明地表现出来。大约一百年前的一粒种子，由某只雪松枝上的食果鸟衔落在地上，开始发芽。根须从地表汲取水分，在密林浓荫的庇护之下，它们逐渐伸进土壤，从雪松身上吸取养分，如巨蟒般将它缠绕，通过挤压将之杀死。就这样，它自身便形成了一株巨树。它挣扎求生的意志呈现于画作之中，请看巨大的攀缘卷须盘旋缠绕，将两棵树捆绑在一起，并且继续向上伸展以获取阳光。

疑是最壮丽夺目的常青树种。从树底延展开的根须或者说扶壁形成许多空隙，有些地方至少可以荫蔽二十余人。如印度橡皮树一样，莫顿湾无花果树的乳状树液也可以做成有一定实用价值的橡胶，不过实际上它们在此地所产的橡胶多被运往印度和美国展览。

"榕树"（Ficus indica）常见于恒河两岸和印度的许多地区，是印度最壮丽的风景线。它有一个梵文名称是 Bahupada，或称"多脚树"。普林尼对榕树做出了非常精确的描述，弥尔顿也用诗行细致地将它书写：

> "枝条伸展，如此宽广，
> 低垂的小枝入土生根，
> 女儿们环绕着母亲树成长，
> 巍峨的树影，高高的拱顶，
> 中间是一条条充满回声的小径。
> 印度牧人时常在那里避暑，
> 躲在树荫之下，照料他的羊群，
> 阳光穿透浓荫，洒下斑斑点点。"

欧榛（Filbert）——Corylus Avellana（林奈）

分类：壳斗科

产地：欧洲和小亚细亚

药性：治疗咳嗽的古方

我要采成球的**榛果**献给您。

——《暴风雨》第二幕第二场

另见"榛树"（Hazel）。

欧榛（Corylus Avellana）不仅包括常见的榛树（Hazel），而且包含所有榛树的变种。《植物学宝库》第 336 页写道："榛树很难长到足以提供建材的尺寸，但它的嫩枝坚韧而富有弹性，常用来制作木环、拐杖、鱼竿等物。此外，由于有光滑的外表和宜人的色泽，它们常被用来制作避暑别墅中的粗木桌椅……画家用于素描的炭笔也取材于榛树。有一种紫色树叶的变种，是灌木丛中的靓丽装点。在维多利亚州的高海拔地区，榛树生长茂盛，产果丰硕，然而在墨尔本一带，夏季的热风似乎阻滞了它们的生长。这种灌木需要相当高湿度的蓬松土壤，以及良好的排水。"

January 1900

亚麻（Flax）——Linum usitatissimum（林奈）

分类：亚麻科

产地：欧洲和东方

药性：润滑、镇痛

暴君们经常吹嘘的美德，对于我的愤怒的火焰，好比是遇上了油和麻布。

——《亨利六世》中篇第五幕第二场

他的胡须像白银，满头乱麻般的黄发。

——《哈姆雷特》第四幕第五场

像你这样的一只杂碎布丁？一袋烂麻线？

——《温莎的风流娘儿们》第五幕第五场

你先去吧；我还要去拿些麻布和蛋白来，替他贴在他的流血的脸上。

——《李尔王》第三幕第七场

莎士比亚对该植物的所有引述都只涉及商品亚麻，它是埃及本土植物，很早便引入英格兰，供应着每一户人家的织机。亚麻的用处尽人皆知，无须在此浪费笔墨。可以断言，亚麻种植无疑将在几年内成为这些殖民区的支柱产业之一，我们的移民正在关注如何栽培这种十分有用的作物。

"早在公元前 1200 年，古埃及人就开始使用细亚麻布或者马米绉。这种植物似乎从远古时代便开始被人类种植，有亚麻制品被发现于史前时代的瑞士湖区。亚麻的用处不胜枚举，但最主要的是制作亚麻布、亚麻镶边、荷兰麻布、粗斜纹布、床单布料、衬衫布料和各类衣物，以及桌布、铺地织物、帆布、帐篷、羊毛打包布和其他包装布，还有纸、细棉布、细绳、合股线、缝纫线、粗线等。此外，它的废弃纤维也可用于为蒸汽机包装燃料等。它的籽可以榨油、制作油渣饼或者磨亚麻籽粉。

"种植于维多利亚州的高品质商品亚麻价值不菲，墨尔本绳索商人詹姆斯·米勒为吉普斯兰所产的亚麻出价 40 英镑每吨……毫无疑问，精心预备的高品质亚麻和每年稳定的供给会令澳大利亚的绳索生产商铆足干劲。可以说，像甘蔗和其他许多作物一样，亚麻在田地里就已经是商业成品！对它们的精心栽培成为必需。只要是可以种植小麦的地方就可以种植亚麻，无论是这片殖民区的北部、南部、内陆还是海岸地带。而且，在谷物歉收的土壤中它也可以生长良好。亚麻喜爱可以令根须自由分枝的土壤，如吉普斯兰的高地富壤或河滩地，或者高宝谷那些小片小片的肥沃土壤，以及这片殖民地其他许多地方。黏土底土上的轻质壤土据说也很不错。实际上，亚麻可以在任何条件尚可的土地上种植，但是极佳的排水和适宜的湿度必不可少。亚麻无法在渍水土壤或过于坚硬的黏土中良好生长，或者是表层之下几英寸即为大颗粒的干砾石的沙土。虽然在肥沃土壤中种植无须肥料，但是连续多年种植亚麻并非明智之举。一些欧陆和美洲种植者以五年为限，其他地方则以三年为限。许多种植者颇有见地地采用将亚麻与小麦或燕麦、苜蓿，以及各类蔬菜（如土豆和芜菁）交替栽种的方式，以保持土壤的肥力，但是据说蔬菜不宜紧接在亚麻之后栽种。此外，亚麻比任何其他植物都更需要清洁的种植环境……。"（加法叶《植物中的纤维》，1894 年，第 11—12 页）

我们澳大利亚的本土亚麻（Linum marginale）可以生产出非常精致顺滑的长绒面料，但是除了植物园实验室中的少量样本之外，我从未听说其他地方有此尝试。

鸢尾（Flower-de-luce）——Iris Germanica（林奈）

别称：德国鸢尾

分类：鸢尾科

药性：通便

有各种各样的百合花，**鸢尾**便是其中之一。

——《冬天的故事》第四幕第三场

你怎么说，我那朵美丽的**鸢尾花**？

　　　　　　　　　　——《亨利五世》第五幕第二场

我已经准备好了。这是我的锋利的宝剑，两边都镌有五朵**鸢尾花**的花纹。

　　　　　　　　　　——《亨利六世》上篇第一幕第二场

绣在你们铠甲上的**鸢尾花**纹章已被剪去尖儿了，英格兰的国徽已被割去半幅了。

　　　　　　　　　　——《亨利六世》上篇第一幕第一场

我既然具有一个灵魂，我就必须掌握皇杖，我还要把法兰西的**鸢尾花**放在杖头玩弄哩。

　　　　　　　　　　——《亨利六世》中篇第五幕第一场

鸢尾花曾经是法国的标志性花种，莎士比亚笔下的鸢尾也都与此相关。法兰西国王路易七世将鸢尾作为纹章图案，称为"路易之花"（Fleur-de-Louis），自此又渐渐缩略为"百合花"（Fleur-de-Lis），不过它在植物学上并非百合。教皇利奥三世曾赠予查理曼大帝一面蓝色旗帜，上面绣着金色鸢尾花图案，蒙昧时代的人们认为这面教皇所赠的旗帜降临自天堂。据福克德记载，鸢尾花属于波旁家族，曾被镶刻在罗盘北半圈用来装饰，以纪念安茹王朝查理一世。爱德华三世于 1340 年自称法兰西国王，他将法兰西古老的盾牌徽章一分为四，添加了象征英格兰的雄狮。其后几经变化，鸢尾花在 19 世纪的第一年终于从英格兰盾牌徽章上消失。《邱园索引》中列出了 176 个鸢尾品种及其变种。鸢尾花常与兰花媲美，罗宾逊在《英国花园》第 476 页中写道："鸢尾花值得所有喜爱耐寒花卉的人投注心力在花园里种上一些。它们拥有最美的热带花卉所有的一切，却没有那么高昂的花费，也没有'盆花下地'的娇贵。当它们绚烂盛放之时，第一次布局和栽培的麻烦都会得到回报。一簇簇上品鸢尾散布在低矮的玫瑰花丛中，美不胜收。"鸢尾的花期不一，横跨大半年，花色从白色至近乎黑色无所不有，高度各异，矮则几英寸，高则可达数英尺。

紫堇（Fumitory）——Fumaria officinalis（林奈）

别称：烟雾花

分类：紫堇科

产地：欧洲

药性：滋补、通便

在那休耕地上，

只见酸模、毒芹、蔓延的**紫堇**站住了脚，扎下了根。

——《亨利五世》第五幕第二场

头上插满了恶臭的**地烟草**、牛蒡、毒芹、荨麻、杜鹃花
和各种蔓生在田亩间的野草。

——《李尔王》第四幕第四场

　　紫堇之名源自拉丁文 fumus，意为烟雾。它在法国被称为
"fume-de-terre"，意为土地上的烟雾，其英文名也由此而来。这
种植物在新南威尔士州和维多利亚州的一些花园和田野中十分常
见，在英格兰的春季则经常可以看到它们奋力生长，伸出树篱。
紫堇与荷包牡丹和延胡索这两种耐寒的草本植物是近亲，后两者
之中也有一些美观的栽培品种。

荆豆（Furze）——Ulex Europaeus（林奈）

别称：刺金雀

分类：豆科

产地：西欧

药性：催泻、利尿

这样我迷惑了他们的耳朵，

114

使他们像小牛跟从着母牛的叫声一样，

跟我走过了一簇簇长着尖齿的野茨，

咬人的**刺金雀**和锐利的荆棘丛。

——《暴风雨》第四幕第一场

现在我真愿意用千顷的海水来换得一亩荒地，

石南丛生、荆豆遍野，什么都好。

——《暴风雨》第一幕第一场

  这种美丽的开花灌木不仅常见于英格兰，特别是德文郡，而且从一处处澳大利亚殖民区的树篱散播到了方圆数百亩或肥沃或贫瘠的土地上，从而成为一种十分难除的杂草。它们虽然有诸多缺点，但是在某些方面也可以发挥各种各样的作用。在干旱时期，荆豆是牛、马和羊的一种很好的备用饲料。由于喜欢蓬松的吹积物和沙土地带，它还和著名的沙茅草一道，成为海岸沙丘的重要植被。荆豆丛满载金色花朵之时，它们得到了英国植物学家蒂勒纽斯的第一次注目（一些作者声称林奈是该植物的命名者，但遭到诸多反驳），据说他双膝跪地，感谢上帝赐予他生命，令他得以目睹这样一大片美丽的造物！一种重瓣变种已在墨尔本植物园栽培了很久，但是作为观赏性的园林灌木，它比一般的单瓣荆豆远为逊色。在新西兰克莱斯特切奇一带的平原地区，每当荆豆树篱金黄灿烂的时节，那迷人的景色一定会令许多游人铭记于心。

大蒜（Garlic）——Allium sativum（林奈）

分类：百合科

产地：欧洲

药性：刺激、利尿、祛痰、发汗

顶要紧的，列位老板们，别吃洋葱和**大蒜**，

因为咱们可不能把人家熏倒胃口。

——《仲夏夜之梦》第四幕第二场

你们那样看重那些手工匠的话，

那些吃**大蒜**的人们吐出来的气息！

——《科里奥兰纳斯》第四幕第六场

看见个女叫花子也会拉住亲个嘴儿，尽管她满嘴都是黑面包和**大蒜**的气味。

——《一报还一报》第三幕第二场

我宁愿住在风磨里，

吃些干酪**大蒜**过活。

——《亨利四世》上篇第三幕第一场

人们非常熟悉却有着难闻气味的大蒜曾被古埃及人奉若美

食，它也是古罗马劳动者的日常食品，正如在当今的西班牙和墨西哥一样。在过去，人们认为它的药用价值不止于以上所列举的几种。大蒜花很美观，但是它的恶臭气息使得它没有作为观赏植物来种植。

布雷恩在《药用植物之书》中写道："这是一味令人厌恶的药材，尤其不受优雅妇人和妙龄少女的欢迎——她们总是吐气如兰，柔声细语。"

麝香石竹（Gilliflower）——见"康乃馨"，《澳大拉西亚银行家杂志》1899 年 7 月第 3 期。

鹅莓（Gooseberry）——Ribes Grossularia（林奈）

别称：猫莓

分类：虎耳草科

产地：欧洲、北非和喜马拉雅山脉

药性：通便

一切属于男子的天赋的才能，

都在世人的嫉视之下，变得连一粒**鹅莓**都不值。

——《亨利四世》下篇第一幕第二场

一些专家认为，鹅莓（Gooseberry）之名源于荆豆莓（Gorseberry）的讹变，指称如荆豆一类的多刺灌木。另一些专家则表示鹅莓（Gooseberry）就是最初的名称。至于为何称为鹅莓，这些学者们认为是由于曾经在英格兰，人们把鹅莓的果实做成果酱，作为幼鹅的食粮。

野生鹅莓的果实很小，与栽培品种相比品相不佳。然而，与多数改良水果不同的是，野生鹅莓的果实比种植鹅莓风味更加浓郁。

"鹅莓似乎不为那些古老民族所知，遑论出现在他们的史料之中。至于它最初何时在英格兰栽种，也并无明确记载，但是最早谈论英国农牧业的作者们对鹅莓有所提及。"——《图瑟与杰拉德》（克莱顿）

荆豆花（Gorse）——见荆豆（Furze）

葫芦（Gourd）——Cucurbita Pepo（林奈）

分类：葫芦科

产地：东方和热带亚洲

药性：利尿、黏液质、驱肠虫

你用假骰子（Gourd）到处诈骗人家。

——《温莎的风流娘儿们》第一幕第三场

这里的 Gourd 并非葫芦的果实，而是指骰子。英文中的葫芦（Gourd）可用于代指葫芦科或者葫芦属的多种植物，特别是南瓜。蔬菜西葫芦（Marrow）和南瓜小果（Squash）都被认为只是南瓜的变种。已知最大的品种是笋瓜——大个儿的黄色或红色南瓜，据说美洲所产的笋瓜重量可达 2.5 英担[①]。印度所产的加拉巴果（Calabash）归属于葫芦属，印度和中国的细长的蛇瓜则是栝楼属植物，丝瓜亦然。嵌在丝瓜肉中的纤维是一种多孔网状物质，绵软、可塑，在洗浴或厨房清洁中常用以替代海绵。

草（Grasses）

分类：禾本科

产地：世界各地

草儿望上去多么茂盛而蓬勃！多么青葱！

——《暴风雨》第二幕第一场

---

① 译者注：一英担（hundredweight）约合 50.8 千克。

那就像夏天的**草儿**在夜里生长得最快，不让人察觉，可只是在那儿往上伸长。

——《亨利五世》第一幕第一场

嗯，可是"要等**草儿青青**"① 这句老话也有点儿发了霉啦。

——《哈姆雷特》第三幕第二场

国王　对她说，我们为了希望在这**草坪**上和她跳一次舞，已经跋涉山川，用我们的脚步丈量了不少的路程。

鲍益　他们说，他们为了希望在这**草坪**上和您跳一次舞，已经跋涉山川，用他们的脚步丈量了不少的路程。

——《爱的徒劳》第五幕第二场

即便让我赤身露体站在冰天雪地、**寸草不生**的山巅

——《亨利六世》中篇第三幕第二场

我要把我们的国家变成公有公享，我要把我所骑的马送到溪浦汕市场那边去**放青**。

——《亨利六世》中篇第四幕第二场

---

① 译者注：这句谚语是："要等草儿青青，马儿早已饿死。"

因此，我翻过一道砖墙，来到这座花园，看能不能吃点青草，或是捡到一点生菜什么的，在这大热天里，让肠胃清凉一下，总还不错。

——《亨利六世》中篇第四幕第十场

虽然莎士比亚至少二十余次写到草，但都只是在一般意义上提及。"从植物学角度上讲，约十二分之一的开花植物属于草类，也即禾本科植物，而十分之九的禾本科植物构成了全世界的植被。"（林德利）澳大利亚本土一些最好的禾本植物并没有得到应有的保护，正逐渐走向灭绝！特纳先生在他最富指导性和实用性的作品《澳大利亚的草料植物》中特别强调了这一点。他写道："只要这片大陆的大半部分人致力于放牧牛羊，并且澳大利亚想要在高品质羊毛生产以及冷冻肉出口贸易方面在全世界占有一席之地，那么我们所有人都应该对我们原生的饲料植物和禾本植物投以比往日更多的关注，通过合理的保护制度甚或人工种植使它们免于灭绝。一个无法反驳的事实是，在近年的干旱之中，乡间的大片土地承受着过度畜牧，这导致许多宝贵的牧场草木变得十分稀少，需要花费多年的精心养护才能恢复最初的状态。大片草木被密集地啃光，加上频繁的踩踏，它们唯一天然的繁殖方式——种子繁殖，已被部分破坏，而且每况愈下。偶尔遇到好的时节，这些破坏可以得到小小弥补，但是敏锐之士可以看出，在不远的将来，我们必须采取更加强有力的行动才能将我们的牧场维持在正常的状态，否则就需要大幅减少每一片牧场上的牛羊数量，这也就意味着我们将削减羊毛、油脂、皮毛和牛羊肉的出口。"

另可参见"小麦"（Corn），《澳大拉西亚银行家杂志》1899 年 10 月第 5 期。

葡萄（Grapes）——见后文"葡萄藤"（Vine）

February 1900

山楂树（Hawthorn）——Crataegus Oxyacantha（林奈）

分类：蔷薇科

产地：欧洲和温带亚洲

你的甜蜜的声音比之小麦青青、**山楂**蓓蕾的时节，

送入牧人耳中的云雀之歌还要动听。

——《仲夏夜之梦》第一幕第一场

牧羊人坐在**山楂树**下，

心旷神怡地看守着驯良的羊群，

不比坐在绣花伞盖之下终日害怕人民起来造反的国王，

更舒服得多吗？

哦，真的，的确是舒服得多，要舒服一千倍。

——《亨利六世》下篇第二幕第五场

山楂树上挂起了诗篇，荆棘枝上吊悬着哀歌。

——《皆大欢喜》第三幕第二场

这块草地可以做咱们的戏台，这一丛**山楂树**便是咱们的后台。

——《仲夏夜之梦》第三幕第一场

莎士比亚六次写到这种树，不过是以不同的词（Albespeine,
White Thorn, Haythorn, Hawthorn, May, Quickset），其中诗人们最青
睐的一个词是 Quickset。传说中，圣荆棘冠所用的就是"白山楂
树"（White Thorn）的枝条，但这无非虚妄之说。

山楂树之下已有一百多个种和变种为人所知，其中大部分都
是中等大小的落叶树，以花朵和浆果的美观著称。

一些品种的果实大如樱桃，例如鸡脚山楂和南欧山楂。著名
的墨西哥山楂树结出的黄色果实则有枇杷一般大小。

常见的锐刺山楂树（Crataegus Oxyacantha）和它的一些变种
虽然一般见于灌木丛或树篱之中，但有时其高度可以达到四十至
五十英尺，树干周长达到八至九英尺。欧洲一些地方的山楂树已
有至少三百岁。它的木材被视作土耳其黄杨木的绝佳替代品，有
时被用于雕刻。在春日的灌木丛中，红色、粉色和白色的重瓣变
种总是绚烂夺目的风景。但是这些变种无法产果，而单瓣品种则
可以，所以为了观赏效果，后者也应该加入其中，以鲜红色的累
累果实争奇斗艳。

福克德在《植物传说与抒情诗》第 359 页中写道："如今希
腊人会给新娘戴上山楂花环，并以山楂花装饰婚礼台，而在五朔
节时，家家户户都会在大门前悬挂它的花枝。古日耳曼人火葬的
柴堆使用山楂木，以其形似木槌，被奉若雷神的象征。他们相信
在冲天的圣火之中，逝者的灵魂会被送往天堂……"山楂树是都
铎王室的独特标志。理查三世死于博斯沃思战役之时，他尸身上

的甲胄和饰品都被抢掠而去。王冠被一个士兵藏在了山楂丛中，不过很快就被找到并送到斯坦利勋爵手中，斯坦利勋爵将其戴在自己的女婿头上，尊之为亨利七世王。为了纪念这鲜活的一幕，都铎王室将纹章图案改为结果的山楂树中悬挂的王冠。谚语"挂在树上的王冠"便典出于此。

榛树（Hazel）——Corylus Avellana（林奈）

分类：壳斗科

产地：北非、北亚和中亚

她的车子是野蚕用一个榛子的空壳
替她造成，它们从古以来，
就是精灵们的车匠。

——《罗密欧与朱丽叶》第一幕第四场

凯德是像榛树的枝儿一样娉婷纤直，
颜色像榛果一样的棕黄，
比榛子仁还要香甜。

——《驯悍记》第二幕第一场

我要采成球的**榛果**献给您。

——《暴风雨》第二幕第二场

上帝啊！倘不是因为我总做噩梦，那么即使把我关在一个**榛果壳里**，我也会把自己当作一个拥有着无限空间的君王的。

——《哈姆雷特》第二幕第二场

莎士比亚共十一次写到榛果或欧榛（Filbert），后者的英文据说源自仙女菲利斯（Phyllis），根据高尔的长诗《一个情人的忏悔》中所述，菲利斯被变成了一株榛树。榛果及其变种在维多利亚州较冷的区域生长良好，适宜引入我们殖民地内陆的蕨类沟壑地带。它们适合在几乎所有类型的土壤中生长，只要简单地把坚果埋入地里规划好的位置，一片矮林便可长成。

福克德在《植物传说与抒情诗》中写道："据普林尼记载，榛木杖可以协助人们发现地下泉水。在今天的意大利，它们被认为具有神力，可以用来探寻宝藏——最初这是英格兰的传说，有谢泼德以下诗句为证：

一些巫师吹嘘他们的魔杖，

蕴含着了咒语和神力，

它们在空中飘荡，

指指点点，寻找宝藏。"

普莱斯在《宝藏勘探》一书中写到许多用魔杖发现的宝藏，并援引了几例。托马斯·布朗爵士将魔杖描述为"分叉的榛木，通常被称为'摩西之杖'，一旦松手让它自行其是，它就会在其下有宝藏之处指指点点"。普莱斯认为这种魔杖来源于异教，他写道："这是古代诗人写到的魔杖——是荷马笔下的帕拉斯的魔杖，是墨丘利向阿尔戈斯催眠的魔杖，是喀耳刻将尤利西斯的随从变形的魔杖。妄称摩西之杖太过冒失，不过若说它是'亚伦之杖'，则更可能引出后世的种种传说。因为摩西之杖一定只在埃及人中闻名，而亚伦之杖则旁及各个不同民族，它被保存在方舟之中，直到所罗门神殿被摧毁。"

石南（Heath）——Calluna vulgaris（索尔兹伯里），Erica vulgaris（林奈）

分类：杜鹃花科

产地：欧洲和北美

▶ 我要采成球的**榛果**献给您。——《暴风雨》第二幕第二场

现在我真愿意用千顷的海水来换得一亩荒地，

石南丛生、荆豆遍野，什么都好。

——《暴风雨》第一幕第一场

这一段中的石南很可能指的是欧石南而非苏格兰石南，虽然这些植物常常生长在一起，有时还要加上轮生叶欧石南。

欧石南（Erica）通常被人们认为是真正的石南，帚石南（Calluna）则不是。欧石南属包含大量不同的种和变种，仅南非的品种（一般在栽培中称作南非欧石南）就有不下 425 种。石南一词同时也包含澳石南，澳石南属之下有 25 个界定清晰的品种。根据穆勒对澳大利亚植物的统计，塔斯马尼亚岛独占其中的六种。维多利亚州有九种，但它们在新南威尔士同样常见，其中三种也存在于昆士兰。南澳大利亚州占四种，但它们也同样发现于塔斯马尼亚岛。如此看来，新南威尔士拥有十八个品种，是澳石南品种最丰富的地区。在西澳大利亚州，直到今日也没有真正的澳石南被发现，但是有几十个与其紧邻的属，包括美丽的天蓝和靛蓝獐牙石南，当地称为"蓝石南"，其外观与欧石南十分相似。

欧石南和澳石南的植物学关系非常紧密，只有本瑟姆和胡克两位植物学家将他们分为不同科，而《植物属志》中的分类目前已被科学家们广泛采纳。

《植物学宝库》中写道："通常认为，英国本土有六个欧石南品种，其中只有两个散布广、占地大的品种，分别是轮生叶欧石南和枞枝欧石南。其余四种只在英国南部和西部可见。"笔者曾在英格兰、爱尔兰、苏格兰和威尔士的贵族庄园中见过其中大部分品种，它们覆盖着庄园中的大片土地。七、八、九三个月份，山丘、谷地和高沼地"飞溅"着——应当用这个词——深红色、紫色和粉色。即便是花期已过、花瓣凋零之时，也有一片片褐色、黄色浓荫，以及点点灰色点缀着青枝绿叶。在英国的土地上，这样的绚烂多彩的景色令人过目难忘。

林奈学会成员休姆在他迷人的著作《常见野花》中描绘了一次他在北威尔士海岸观赏石南的难忘经历："每到日落时分，环绕彭迈恩毛尔的群山就披上一袭紫衣，其中一座每晚会比其余的山多了一点红晕。当时我们离山很远，不明白个中缘由，不过后来有一次离得近些再看，才发现这座山几乎从山顶到山脚都覆盖着石南。洋溢着如此丰富而热烈的色彩，上万朵深红色的小铃铛漫山遍野，较之屋舍之间的稀疏点缀，它们映透出更加温暖的光芒。"

在澳大利亚大陆和塔斯马尼亚岛，欧石南科或者说真正的"石南"仅有的几个代表分别是丽果木（Pernettya）、白珠树（Gaultheria）和岛乌饭（Wittsteinia）三个属，除了五个品种之外，它们主要生长于塔斯马尼亚岛。

在澳石南科之下，本瑟姆和穆勒共列出275个种（根据穆勒的统计），分属于18个属，其中垂钉石南（Styphelia）一个属就包含了 172 个种。西澳大利亚州发现了大部分品种，而其中有许多同样广布于北领地、昆士兰州、新南威尔士州和南澳大利亚州。维多利亚州和塔斯马尼亚岛数量相当（各二十四五种），虽然在具体品种上有差异，但也有一部分为二者所共有，或者同时见于以上提及的地区。

每当花季，被称为"格兰皮恩斯之火"的垂钉石南是维多利亚州最美的风景之一，它是一种小巧紧凑的灌木，通常约有三英尺高。垂钉石南于初夏开花，花期能够持续很久。在格兰皮恩斯，人们总能在山腰遇到它们，偶尔也会在山谷，或小丛小丛或大片大片地散发着绯红的光彩。从远处看，这种植物有点像南非欧石南的一种，即著名的血红欧石南（Erica cruenta），但是它的花朵更加缤纷炫目。在斯托尔和霍舍姆之间的铁路沿线，那里的垂钉石南比格兰皮恩斯还要壮丽得多，它们绵延几英里，铺满山脊和平原，当火车飞速驶过时，那灼人的色彩仿佛一场森林大火。

毒芹（Hemlock）——*Conium maculatum*（林奈）

分类：伞形科

产地：欧洲和东方

药性：镇静等

在那休耕地上，

只见酸模、**毒芹**、蔓延的紫堇站住了脚，

扎下了根。

——《亨利五世》第五幕第二场

头上插满了恶臭的地烟草、牛蒡、**毒芹**、荨麻、杜鹃花

和各种蔓生在田亩间的野草。

——《李尔王》第四幕第四场

豺狼之牙巨龙鳞，千年巫尸貌狰狞；

海底抉出鲨鱼胃，夜掘**毒芹**根块块。

——《麦克白》第四幕第一场

由于毋庸置疑的毒性，毒芹背负着恶名，尽管它有着重要的药用价值。它主要通过榨汁或制成酊剂来使用，可用作镇静剂或止痉挛剂。但是大剂量使用可能造成眩晕、恶心和麻痹。这些严重后果往往是由于将它错认作可食用的峨参、细叶芹或没药。毒芹汁被认为是处死苏格拉底的毒药。

"在女巫的塔楼边，

鹿食草和毒芹环绕着黑暗的墓穴，

织出一片忧郁的阴影，

在那着魔的夜晚，笼罩着亡灵。"

大麻（Hemp）——Cannabis sativa（林奈）

别称：俄罗斯大麻、意大利大麻等

分类：荨麻科

产地：中亚、西亚和喜马拉雅山脉

药性：止痉挛、催眠、麻醉、兴奋

倒不如让绞刑架放过了人去换一只狗；

可别叫**麻绳**套住了他的喉咙，连气都没法透一口。

——《亨利五世》第三幕第六场

在你的眼前，

出现了水手们忙碌地爬行在**麻帆索**上的景象。

——《亨利五世》第三幕序曲

哪来的一群**粗麻布**，胆敢在仙后卧榻之旁鼓唇弄舌？

——《仲夏夜之梦》第三幕第一场

　　莎士比亚共计五次提及大麻。这种植物大概远在莎士比亚时代之前就已被引入英格兰，主要种植于东部诸郡。

　　"它不仅能在干热气候条件下产出高品质的纤维，"《植物学宝库》中如此写道："而且在印度和波斯本地人眼中，它的树脂也十分珍贵。"完整或部分的干大麻在印度市集上售卖，称为 Gunjah（医用大麻）或者 Bhang（大麻的叶和花），它的树脂则称为 Churras。大麻树脂是在炎热季节用以下奇特方式获取的："男人们穿着皮革衣物跑过大麻田，尽可能大力地掠过植株，软树脂将会附着在皮衣上，并通过刮擦揉成球状。"在尼泊尔，据麦金农博士说，皮革衣物被省去，"树脂直接沾在苦力们赤裸的皮肤上！"

　　"Gunjah 可以如烟草一样吸食，Bhang 则不能吸食，但可以加水捣碎成糊状，用来制作饮品。这两种大麻都有兴奋和麻醉作用，而大麻树脂则拥有强得多的特性。只要很小的剂量就可以产生愉快感，如果加大剂量则可能使人极度兴奋或强直性昏厥，如果继续加大剂量则会引发一种特有的精神失常状态。很多亚洲人对这种麻醉效果成瘾，通过他们对大麻的别称可见一斑——迷幻叶、快活草、友谊草等。著名的东非旅行者波顿船长将这种植物描述为'村村户户门前都种着'。阿拉伯人将晒干的叶子混着烟草放在大烟斗里吸食，非洲人则不加烟草。'吸入大麻烟会引发剧烈的咳嗽，再深吸几口之后则会尖叫起来，当一个人这样做之后，其他人一定会学着他的样子也叫起来。这种怪诞的声音可能并不完全是吸食后的自然反应。即便是男孩子们也会学这种叫声，以此向人们宣告自己已经是一个放荡不羁的青年。'"

大麻是一年生植物，在温暖的纬度地区常可长至十八英尺高。它已被引进巴西、加拿大、委内瑞拉以及上文所提及的热带非洲很长时间，并且在意大利、法国、西班牙、德国和其他许多欧洲国家特别是俄国和波兰被广泛种植。在印度，除了在低地区域种植之外，它还可在高达9000至10000英尺的喜马拉雅山脉地带种植。英格兰产的大麻据说有着更高的品质，但是由于庞大的进口量，本土大麻农获利甚少，种植得也很少。大麻纤维的每英亩平均产量在600至800磅之间，大麻籽产量则为14至16蒲式耳。在美国的一些州，以肯塔基、密苏里和田纳西为例，大麻是一种十分重要的作物。品质最佳的据说是意大利大麻，俄国和波兰次之……大麻与亚麻相似，只需要几个月的夏季气温便可成熟。因此，维多利亚州大部分地区的气候以及土壤都十分适宜种植，我们的农民们只需要有一些创业精神，就可以让大麻种植成为利润颇丰的产业。吉普斯兰产出一些非常优质的大麻样株，甚至我们的植物园里，在一小块贫瘠沙土上，只有辅助灌溉的情况下，它也长到了六英尺之高。从种子埋入地里到开花需要整整十三周的时间。据说在过度肥沃的土壤中会产出较粗糙但是高质量的纤维，在贫壤中则质地更加细密，但收成也少。最适宜的土壤是包含植物质的酥性土，或者沙土和黏土紧密混合的冲击地，冷硬的黏土则不适合。肥沃的土壤、较高的湿度和温度对于保证大麻产量至关重要，而即便是在轻质贫壤中，如果善加施肥和增湿，也可以连续多年有收成。参见加法叶的《植物中的纤维》。

天恩草（Herb of Grace）——见芸香（Rue）

March 1900

冬青树（Holly）——Ilex aquifolium（林奈）

分类：冬青科

产地：欧洲和西亚

药性：催吐、利尿、退热

噫嘻乎！且向冬青歌一曲：

友交皆虚妄，恩爱痴人逐。

噫嘻乎冬青！

可乐唯此生。

——《皆大欢喜》第二幕第七场

有些奇怪的是，莎士比亚的作品中只有一处提及冬青树，而且还是出现在古老的圣诞颂歌之中。实际上在很久以前，它如现在一般经常用于圣诞节的装饰。一些学者认为，这个习俗可能源自古罗马人，"他们习惯在农神节之时将枝条赠予朋友，而农神节与圣诞几乎在同一时间。每年此时，橡树已经只剩下光秃秃的枝条，所以祭祀让人们带来冬青树和其他常青植物的枝条"。《植物传说与抒情诗》第 377 页写道："英国有一个古老的迷信，认为精灵和仙子会在圣诞加入人们的聚会，因此在门厅和卧室悬挂树枝，以便精灵们可以'攀枝附叶而来——在这神圣的时节他们是于人无害的'。"

这种圣诞常青树要在圣烛节前夜撤掉，赫里克在诗中写道：

"撤下圣诞时装饰门厅的那些

冬青树和常春藤。

让那些迷信的人找不到

半截遗留的树枝。

家里留下多少片树叶——女仆对我说

——你就会看见多少只小妖怪。"

冬青树是一种美丽夺目的灌木（或者尺寸合宜的树木）。无论有没有结出那一团团绯红的浆果，它作为常青树无疑在英国和其他地方都一枝独秀。或者如希斯所言："冬青树的叶片参差秀美，无论是叶上未干的雨滴在阳光下闪闪发光之时，还是仅仅把它捏在手中细察它的形态和色彩。特别是当我们有机会把它'只看作一片树叶'来端详，而非看它和大簇大簇的同伴将黑黢黢的枝干装点得光彩照人的时候。"

伊万林在《森林志》中如此赞美集实用与美观于一身的冬青树："如此茂密的树篱，武装森严的树叶，宛如涂着清漆一般光彩夺目，面颊上还透着珊瑚色的红晕，天底下还有更加令人赏心悦目的事物吗？"

约有 150 种冬青树为人所知，此外还有诸多变种，仅以英国冬青为例便存在着不下三十种，包括形态各异的金银杂色变种、"刺猬冬青"、黄色浆果变种等。

最普通的绿叶红果冬青可以长至很高的树龄。"在威尔士的拉尼德罗伊斯有一株样本，大概已经有 400 岁的高龄。它高四十五英尺，近根处的树围达到三十英尺，已长出八个主枝，最大的一枝周长接近二十英尺。"

冬青属植物生长于欧洲、亚洲、非洲和美洲，甚至澳大利亚也有一个本土品种——"具柄冬青"。它由冯·穆勒男爵的上一任墨尔本植物园园长约翰·德拉奇发现于昆士兰的罗金厄姆湾。冬青家族中的大部分品种都以纹理细密的木材著称，由于可以做高度磨光工艺，所以格外为木匠、家具制造商和车工所推崇。

著名的"马黛茶"就产自巴拉圭冬青。《植物学宝库》中说，这种植物在南美的国民经济中占据了如同中国茶在英国一般的重要地位。根据计算，马黛茶每年在南美可以消费大约八百万磅。

忍冬花（Honeysuckle）——Lonicera Periclymenum（林奈），Caprifolium Periclymenum

别称：金银花

分类：忍冬科

产地：欧洲

叫她溜到浓荫下的凉亭，

在那里，**忍冬花**被阳光煦养，

枝蔓长成，却反将太阳遮挡。

　　　　　　　　　　——《无事生非》第三幕第一场

我们也正是这样引诱贝特丽丝上钩，

她现在已经躲在**忍冬花藤**的浓荫下面了。

　　　　　　　　　　——《无事生非》第三幕第一场

睡吧，我要把你抱在我的臂中，

菟丝也正是这样温柔地缠附着芬芳的**忍冬花**。

　　　　　　　　　　——《仲夏夜之梦》第四幕第一场

啊，你这**采花蜂**（Honeysuckle villain）！

　　　　　　　　　　——《亨利四世》下篇第二幕第一场

我知道一处百里香盛开的水滩，

长满着樱草和盈盈的紫罗兰，

馥郁的**忍冬花**，芟泽的野蔷薇，

漫天张起了一幅芬芳的锦帷。

　　　　　　　　　　——《仲夏夜之梦》第二幕第一场

　　很久以前，"忍冬花"之名被不加区分地用在各种气息香甜的花卉上，其中包括报春花，不过到后来就只用来指称林中或树篱的忍冬花了。

忍冬约有八十五个已知品种，主要原生于北半球的温带地区，但其中只有三种属于英国，即英国忍冬、蔓生盘叶忍冬和硬骨忍冬（飞忍冬）。

忍冬（Honeysuckle）一词有时也用于澳大利亚的知名树种"班克木"（Banksia），不过后者属于山龙眼科植物。

蜜秆（Honey Stalks）——见"三叶草"（Clover），《澳大拉西亚银行家杂志》1899 年 9 月。

牛膝草（Hyssop）——Hyssopus officinalis（林奈）

分类：唇形科

产地：欧洲、南亚和西亚

药性：兴奋、芳香、排除肠胃胀气、滋补

我们变成这样那样，全在于我们自己。我们的身体就像一座园圃，我们的意志是这园圃里的园丁；不论我们插荨麻、种莴苣、栽下**牛膝草**、拔起百里香，或者单独培植一种草木，或者把全园种得万卉纷披，让它荒废不治也好，把它辛勤耕垦也好，那权力都在于我们的意志。

——《奥赛罗》第一幕第三场

很早以前牛膝草便从奥地利和西伯利亚被引入了英格兰，且曾因为它的药用价值而享有盛名，不过如今已不再大量种植。古犹太人把它称为"净化草"。

我们在《圣经》中读到大卫这样的话："求你用牛膝草洁净我，我就干净。"这里的"牛膝草"不太可能是今天所指的神香草属植物，因为巴勒斯坦并无它的踪迹。一些专家认为《圣经》中的"牛膝草"所指的有可能是迷迭香、薄荷、百里香或者墨角兰，因为这些植物曾经遍布巴勒斯坦，且至今依然如是。

常春藤（Ivy）——Hedera Helix（林奈）

分类：五加科

产地：欧洲、亚洲和北非

药性：利尿

他简直成为一株**常春藤**，

掩蔽了我参天的巨干，

而吸收去我的精华。

——《暴风雨》第一幕第二场

146

来，我要拉住你的衣袖紧紧偎依，

你是参天的松柏，我是**藤萝**纤细。

————《错误的喜剧》第二幕第二场

女萝也正是这样

缱绻着榆树的皱折的臂枝。

————《仲夏夜之梦》第四幕第一场

他们已经吓走了我的两头顶好的羊；我担心在它们的东家没有找到它们之前，狼已经先把它们找到了。它们多半是在海边啃着**常春藤**。

————《冬天的故事》第三幕第三场

他一头黄发，又硬又卷，

像繁茂的**常春藤**纠缠在一起，

雷霆也拆它不开。

————《两位贵亲戚》第四幕第二场

我们的祖先对这种耐寒的常绿攀缘植物青睐有加，将它和月桂一同编织在诗人的花冠上。过去的客栈门前会悬挂一束常春藤，故而有"酒好无须挂藤枝"（Good wine needs no bush）的谚语。

普林尼说，在饮酒前预先吃些常春藤的浆果，可以起到防醉的功效。所以，很可能酒神节的花冠和从前客栈悬挂的藤枝同出一源，都源于相信常春藤具有某种解酒功效。常春藤属之下仅有七八个真正的品种为植物学家所知，但是它们变幻多端，形态各异，其中还有一些华丽的变种。

在英国和法国，园艺家培育出了不下十余种各不相同的美丽的杂色常春藤。美洲仅发现了一个品种，即"楸叶常春藤"（Hedera Catalpaefolia）。东印度群岛则有数个本土品种，不过据说在大规模的林木砍伐中已经消失殆尽。遮盖古老的树墩、墙壁或者其他需要覆以绿植之物，在这方面没有其他植物可与常春藤媲美。但是如果让它攀附在另一棵活树上，除非人为阻拦它攀上主枝，否则这种寄生植物终将把另一棵树变成"常春藤树"。如斯宾塞所咏：

"常春藤向上攀爬生长，

收紧他不怀好意的手臂，

杨树怡然自得，对她兄弟的举动毫无戒备，

用她青鳕鱼般的枝条与其相拥，

直到那些手臂占据了制高点，

将她金色的嫩芽覆盖上一层暗绿。"

——《维吉尔的小虫》

148

蒙彼利埃有一株常春藤据说已活了 450 岁之久。几年前笔者在沃里克郡的凯尼尔沃思也见过一株想必是高龄的常春藤，它攀到城堡墙上几英尺，枝条至少有一人之粗。

薰衣草（Lavender）——Lavandula vera（德·堪多）

分类：唇形科
产地：地中海地区
药性：兴奋、排除肠胃胀气、芳香

这是给你们的花儿，

浓烈的**薰衣草**、清香的薄荷，还有墨角兰。

——《冬天的故事》第四幕第四场

薰衣草于 16 世纪引入英格兰，其形象一直与清新洁净相关联。它的幽香散发于灌木的各个部位，但是精油只能从花朵中提取。真正的薰衣草精油取自普通薰衣草（Lavandula vera）。这种植物在维多利亚州的一些地区生长得既快速又茂盛，如果广泛种植，无疑会取得丰厚的回报。

人们常常将可以产出穗薰衣草油（oil of spike）的"穗状薰衣草"（Lavandula spica）与普通薰衣草相混淆，尽管两者的花序迥然不同，而且前者不仅气息没有那么清香，在其他许多方面也劣于真正的薰衣草。不过，穗薰衣草油常被艺术家和画家用于调制清漆。

"每一滴清漆中都有魔力，
它来自我们所深爱的土地，
来自我们所栖居的英国花园。"

萨里的米切姆和赫特福德的希钦是英格兰商品薰衣草种植最多的地方。关于如何栽培这种植物，以及如何榨油和制作精油，皮耶斯在《调香的艺术》中做出了生动的描述，他补充道："差一些的薰衣草油常用来制作香皂和润滑油，而米切姆和希钦所产的最好的薰衣草油，则用来制作所谓'薰衣草花水'，不过它更恰当的名称应该是'精油'或者'萃取液'，如此方能与其他以酒精制成的精油的命名方式保持一致。"作者皮耶斯几年前曾来到维多利亚州，发现我们的气候和土壤不仅适宜种植薰衣草，而且适合许多其他有价值的香料植物，他对此大为赞叹。

月桂樱（Laurel）——Prunus Lauro-Cerasus（林奈）
别称：特拉布宗椰枣、樱油树
分类：蔷薇科
产地：东方

药性：镇静

安德洛尼克斯戴着**桂冠**。

——《泰特斯·安德洛尼克斯》第一幕第一场

愿胜利的**桂冠**，

悬在您的剑端。

——《安东尼与克莉奥佩特拉》第一幕第三场

上天已把橄榄枝和**桂冠**赋予你，

使你在和平与战争中都有福气。

——《亨利六世》下篇第四幕第六场

这里所提到的象征胜利的桂冠实际上指的是月桂（Laurus Nobilis），与月桂樱（Prunus Lauro–Cerasus）不同，从植物学上说，前者才是真正的月桂，归属于樟科。参见《澳大拉西亚银行家杂志》1899 年 7 月刊。

月桂樱（Prunus Lauro–Cerasus）是樱属或李属植物，直到莎

◀这是给你们的花儿，浓烈的**薰衣草**、清香的薄荷，还有墨角兰。——《冬天的故事》第四幕第四场

士比亚去世后很久它才为人所知。它是最优美的常绿植物之一，叶片有着十分鲜亮的光泽。

马斯特斯博士说："月桂樱的树叶、树皮、果实以及树油都含有或多或少的毒性。从划破的叶片里透出的蒸汽足以杀死小昆虫。桂樱水是易挥发的桂樱油的水溶液，它包含氢氰酸，它的药性和毒性都与那种化学制剂类似。用月桂樱叶调味的蜜饯和蛋奶糕等甜食有时可以致命。因此，最好彻底放弃使用它的叶子来调味，而改用甜月桂（Laurus Nobilis）代替。它有着相同的美味，且于人无害。"

韭葱（Leek）——Allium porrum（林奈）

分类：百合科

产地：亚洲

他眼睛绿得像**韭葱**。

——《仲夏夜之梦》第五幕第一场

去对他说，到圣大卫节那天，我就要动他头上的**韭葱**。①

——《亨利五世》第四幕第一场

———————————

① 译者注：威尔士人每逢 3 月 1 日圣大卫节，就会在帽上插韭葱，来纪念 540 年这一天战胜入侵的撒克逊人。

　　要是陛下还记得起来，威尔士军队在一个长着**韭葱**的园圃里也立过大功，那时候大家在他们的蒙穆斯式的帽子上插着**韭葱**；如今——陛下也知道——这**韭葱**成为军队里光荣的象征了；我相信在圣大卫节那天，陛下绝不会不愿意戴棵**韭葱**在头上的。

　　　　　　　　　　　　　　　　——《亨利五世》第四幕第七场

　　韭葱出现在弗鲁爱林和皮斯托的互动中，贯穿了一整幕，最终弗鲁爱林令无赖皮斯托吃下了韭葱。韭葱被视为威尔士的民族象征，正如玫瑰、三叶草和蓟分别是英格兰、爱尔兰和苏格兰的象征。韭葱（Leek）是盎格鲁—撒克逊词语，最初用以指代各类球茎状蔬菜。

　　福克德指出，《圣经》的注释者们认为韭葱和洋葱、大蒜一道，都是以色列人所思念的埃及珍馐。白色和绿色是旧时威尔士的代表色，而韭葱作为威尔士民族的象征，结合了这两种色彩。普林尼写道，尼禄令韭葱在古罗马得享盛名，他把韭葱浸泡在油中食用，认为有益于他的歌喉。他的愚蠢行为为他赢得了一个诨名——"韭葱食客"（Porrophagus）。马夏尔在诗中写到吃韭葱的人口中的难闻气息：

　　"那怡然啜吸韭葱汁液的人，

　　亲吻美人之前，必须闭紧他的唇。"

April 1900

柠檬（Lemon）——Citrus Limonium（里索）

分类：芸香科

产地：亚洲

药性：滋补、防腐

一只柠檬。

里头塞着丁香。

——《爱的徒劳》第五幕第二场

柠檬是最有用的水果之一，而且可以种植在橙子不宜生长的气候和土壤中。在澳大利亚的大部分地区，人们所称的"里斯本柠檬"生长得十分茂盛。西西里的柠檬大量出口到欧洲各地，似乎那里的柠檬种植环境要胜过其他地方，如果某一株柠檬树一季能够产出数千颗果实也毫不奇怪。最好的柠檬油是通过刺破果皮取得的，这一工序被称作"手工钉刺法"。皮耶斯在《调香的艺术》中写道："榨取香气浓郁的柑橘亚科水果的汁液，使用的是镶有钉刺的金属容器，其尺寸与形状可能略有差异。有时状如大桶，将果实盛入其中，通过机械装置旋转。作为一种美称，上等的柠檬经压榨后被称为香橼碎，蒸馏后则称为香橼蒸馏液。英格兰每年进口85000磅至90000磅柠檬香精油，可见英国人对这种香气的热爱。他们有时采取将柠檬挫成果肉碎，然后再进行压榨的方法。市场上的柠檬香精油主要来自墨西拿，那里有几百英亩的柠檬林。提炼柠檬、橙子和佛手柑的精油是西西里的首要产业，特别是在巴勒莫一带。装有钉刺的杯状或桶装容器一次可以处理一百多颗柠檬。毫无疑问，蒸汽机早晚会被用来为旋转容器提供动力，所以我们或许可以期待香精油的市场终能供求相抵。不过，意大利的市场已经饱和，假如澳大利亚发展该产业，则欧洲尚有充足的市场空间。"

参见后文"橙子"（Orange）。

莴苣（Lettuce）——Lactuca sativa（林奈）

分类：菊科

产地：南亚

药性：利尿、麻醉、安眠

我们的身体就像一座园圃，

我们的意志是这园圃里的园丁

不论我们插荨麻、种**莴苣**……

——《奥赛罗》第一幕第三场

莴苣由罗马人引入英国，被盎格鲁—撒克逊人种植。事实上，人们在很久以前便开始使用它的不同种和变种制作沙拉。《植物学宝库》中写道："据希罗多德记载，早在公元前400年以前，莴苣便被端上了波斯皇室的餐桌。另有记载称，公元 2 世纪左右的古希腊著名医生盖伦用它来制作麻醉药物。很可能对这一史实的思索带来了今日的科学发现，爱丁堡已故的邓肯博士用莴苣汁制成了'莴苣阿片'（Lactucarium）。古罗马人只知道一种莴苣，是深色叶子的变种，他们怀疑食用后对人体有害。不过据说大量食用莴苣治好了奥古斯都大帝的病，自此以后，莴苣有害的说法便烟消云散了。于是人们开始精心栽培莴苣，并且通过焯水去除苦味，令其更加可口。"——布斯

蒲柏在诗中写到莴苣的安眠特性：

"如果你想要休息，
莴苣和黄花九轮草酒可以帮你。"

杰拉德也提到："如果晚餐上大量饮酒，餐后吃一些莴苣可以起到解酒的功效。"

百合（Lily）——Lilium candidum（林奈）
别称：白百合、波旁百合、圣母百合、圣若瑟百合等
分类：百合科
产地：南欧和叙利亚
药性：旧时用于治疗发热和水肿

离开你那生长着芍药和**百合**的堤岸。

——《暴风雨》第四幕第一场

她的颊上的蔷薇已经不禁风吹而枯萎，

她的**百合花**一样的肤色也已经憔悴下来。

——《维洛那二绅士》第四幕第四场

我像一朵**百合花**，

一度在田野里开得十分茂盛，

一时独步，现在却只有垂首待毙了。

——《亨利八世》第三幕第一场

她像一朵无瑕的**百合花**，

埋入青冢。

——《亨利八世》第五幕第五场

赶快把我载到得救者的乐土中去，

让我徜徉在**百合花**的中央！

——《特洛伊罗斯与克瑞西达》第三幕第二场

正像甘露滴在一朵被人攀折的

憔悴的**百合花**上一样。

——《泰特斯·安德洛尼克斯》第三幕第一场

把纯金镀上金箔，替纯洁的**百合花**涂抹粉彩，

实在是浪费而可笑的多事。

——《约翰王》第四幕第二场

啊，最芬芳、最娇美的**百合花**！

我的弟弟替你簪在襟上的这一朵，

远不及你自己长得那么一半秀丽。

——《辛白林》第四幕第二场

塔昆仿佛瞧见了：**百合**与玫瑰的兵丁，

以她的秀颊为战场，进行着无声的战争。

《鲁克丽丝受辱记》

莎士比亚不下二十五次写到百合，这种与玫瑰分庭抗礼的花中女王。

柯珀在如下诗行中将这份荣誉一分为二，为两者加冕：

"在花园宁静的景色中，

有一对可爱的仇家，

都渴慕着女王的殊荣，

——百合花与玫瑰花。

你有最高贵的色调，

而你的风姿令人倾倒。

在有第三者超越之前，

就让你们各自加冕。”

白百合（Lilium candidum）在中世纪被大量种植，如现在一样，当时即被诗人、画家、雕塑家和建筑师视作女性优雅与纯洁的象征。百合是古希腊人和古罗马人最喜爱的花卉，古埃及人也种植百合并对其推崇备至，这呈现于他们的古代石碑上。《圣经》中频繁提到百合，说明古希伯来人也对此花十分看重，但此“百合”是不是我们花园中的白百合（Lilium candidum），一些专家仍有质疑，他们认为百合虽栽种于叙利亚的花园中，但它并非巴勒斯坦的本土花卉。基托博士谈及《旧约·雅歌》中的“百合”，“我是沙伦的玫瑰花，是谷中的百合花”等处，所罗门神殿的雕刻，以及耶稣以野地里的百合花为喻对门徒的训诫[1]。他认为这

---

① 译者注：“何必为衣裳忧虑呢？你想野地里的百合花怎么长起来；它也不劳苦，也不纺线。

然而我告诉你们，就是所罗门极荣华的时候，他所穿戴的，还不如这花一朵呢！”（《马太福音》第六章）

些段落中所写的实际上是黄色孤挺花，它们遍布巴勒斯坦的山谷，花期很晚，在大部分花已经凋谢之后才开放，这也解释了耶稣为何在冬天也言及此花。它的枝繁叶茂也使它恰当地代表了这位先知，当他谈到以色列人时，说自己应"如百合般生长"。抛开这类推测不谈，古时意大利的宗匠们通常会在圣母玛利亚的雕塑和画作中，令她手持美丽的白百合，作为"纯洁无瑕的象征"。罗宾逊在实用且富于教益的作品《英国花园》中如此谈论这种植物：

"白百合是百合科中最有名也最优美的品种，几乎见于每一座村舍花园之中，在夏天开出白雪一般的花朵。它也是不喜娇生惯养和过多摆弄的花种之一，只需要在良好的花园土壤之中生长几年，不加打扰，就可以长到最繁茂的状态。如果像对待那些娇弱的花种一般精心打理，通常会适得其反。在老旧花园中常可以见到开得最好的百合花，因为那里无人打理，球茎可以尽情舒展。如果种在大片的花丛之中，每逢花季，其他的花都无法与白百合媲美。它如此美丽，没有什么地方不能被一束或一丛百合所装点。但是把栽种得宜的百合恰到好处地置于花园之中，无疑是增色最多的。多年来，在诸多观赏园林之中，我从未见到哪怕一

▶把纯金镀上金箔，替纯洁的**百合花**涂抹粉彩，紫罗兰的花瓣上浇洒人工的香水，研磨光滑的冰块，或是替彩虹添上一道颜色，或是企图用微弱的烛火增加那灿烂的太阳的光辉，实在是浪费而可笑的多事。——《约翰王》第四幕第二场
她像一朵无瑕的**百合花**，埋入青冢。——《亨利八世》第五幕第五场

Tortoise shell Butterfly

簇百合黯然失色，尽管在那里展览的白百合不如村舍花园中那般亭亭玉立。总体来说，湿润的土壤似乎最适宜它的生长，虽然如其他百合科植物一样，它可以栽种于多种土壤之中。"

椴树（Lime）——Tilia Europaea（林奈）

分类：椴树科

产地：欧洲

药性：旧时用于治疗癫痫和神经紊乱

在荫蔽着你的洞室的那一列**大椴树**底下
聚集着这一群囚徒。

——《暴风雨》第五幕第一场

来，把它们吊在这棵**椴树**上。

——《暴风雨》第四幕第一场

椴树形态秀颀，其木材被木雕师大量使用，吉本斯所有精致的木雕几乎都用的是椴木。从它内皮所取的材料称为"韧皮"，常在园艺中用来捆系植物，同时也用于制作垫子、绳索和篮子。在古代，它的树皮如纸莎草一样，用于造纸。曾经流行将这种树种植于林荫道，柏林的"椴树下大街"（Unter den Linden）便是此种街道树艺的著名范例。在欧洲的许多地区，椴树可以长得十分高大，希斯如此描述："尽管椴树的高度无法与我们森林中一些最优秀的树种相比，但它也可称得上伟岸。赫特福德郡摩尔公园里有一株椴树，其主干距地四英尺处的树围至少有二十三英尺，高约一百英尺，树冠直径可达一百二十英尺。另有一棵在朗利特庄园中，同一高度的树围有十三英尺，树高可达一百三十英尺。此外，椴树也是最长寿树种的有力竞争者，根据记载，有一些椴树已活了五六百年之久，而弗里堡附近有一棵树围达三十六英尺的巨树，据说已经活了将近一千年！"

德·堪多描述了生长于符腾堡的诺伊施塔特的一株样本，早在 1550 年它就已经需要石柱来支撑它庞大的树枝，其枝叶覆盖所及宽达 400 英尺。这些石柱由历代国王和王子竖立，上面题刻着不同的日期，印证着这棵树的高龄。1664 年，它的树围达到 37 英尺，当时被认为有 800 岁左右。到了 1838 年它仍旧存活，但围城之时遭士兵损毁。椴树属之下有八个不同的品种为人所知，其变种数量也大略相仿。生长于北美的美洲椴（Tilia Americana）树高可达七十至八十英尺。在维多利亚州土壤较为深厚、肥沃和湿润的内陆高地，欧洲椴长势良好。在弗恩肖的路边有一株样本有望长成巨树，从外地来访的游人纷纷前往瞻仰。所有植物学研究者都会颇感兴趣的是，伟大的林奈（Linnaeus）的名字来源于瑞典语 Lin 或 Linn，意为椴树（Lime 或 Linden tree），而他也正是为欧洲椴树（Tilia Europea）命名的人。

蜜蜂对椴树花情有独钟，用其香甜的汁液可以酿出最优质的蜂蜜。椴树的英文 Lime 一词同时也用于表示一种较小的柠檬品种——青柠（Citrus Limetta）。

爱懒花（Love in Idleness）——见后文"三色堇"（Pansy）

锦葵（Mallows）——Malva sylvestris（林奈）
分类：锦葵科
产地：欧洲和温带亚洲
药性：利尿、黏液质

他一定要把它种满了荨麻。
或是酸模草，**锦葵**。

——《暴风雨》第二幕第一场

锦葵被一些人视作无用的杂草，实际上却与许多最美观和最有价值的植物同出一科，包括蜀葵、木槿、苘麻、缎带木、黄花稔、棉花以及二十余种其他植物。锦葵科之下所有植物几乎都能产出纤维，它们品质各异，可以编织成不同的纺品。近些年，其中许多种纤维都在美洲和印度大受欢迎，其品质也在墨尔本植物园的实验室中得到验证。一批丰富的展品最近被送往"大不列颠和巴黎博览会"，仅锦葵一科就包含不下二十个样品，英国专家评估其中一部分的价值可以达到每吨十至二十英镑！

花葵（Lavatera arborea）是一种高大的两年生植物，可产出非常适宜制作纸浆的韧皮。滨海花葵（Lavatera maritima）可产出三至四英尺长的优质纤维，且工序简易。奥尔比亚花葵（Lavatera. Olbia）是一种多年生常绿植物，可以从它的树皮中提取白色马鬃一般的纤维，有多方面的实用价值。

澳大利亚花葵（Lavatera plebeja）是多年生白色开花植物，通常能长至五英尺高，见于维多利亚州、新南威尔士州和南澳大利亚州。它可产出一种强韧、柔软的丝质纤维，适宜制成牢固的高品质线绳，土著则常用它制作钓鱼线和渔网。

南非锦葵（Malva Capensis）和原生于墨西哥的伞形秋葵（Sphaeralcea）都能产出适合制作线绳的丝质纤维，后者的平均长度可达四至五英尺。牛痒树（Lagunaria Patersonii）生长于诺福克岛和昆士兰，在当地的气候之中蓬勃生长。它的一个韧皮样品被送至费城博览会，在道奇教授的经济作物分类中列于第三类，冠以"可用于艺术品的纤维"。

一些苘麻属植物适宜制作纸巾以及与某类呢绒混合。来自巴西的贝德福德苘麻（Abutilon Bedfordianum）是一种高大灌木，在维多利亚州生长迅速，它的树皮可产出高品质的纤维。另外三个巴西的苘麻品种（Abutilon Venosum, Abutilon striatum, Abutilon vexillarium）在这里同样易于生长，也可产出优质的纤维和韧皮，适合制作马裤呢、织垫材料、纸张等，而且如黄麻纤维一样，通过将嫩芽或嫩枝浸软的简易工序即可轻松制成。

锦葵的近亲"木槿"的一些品种可以产出白色丝质纤维。它们主要生长在印度、南非、美国等地，但也有许多美丽的品种见于新南威尔士和昆士兰。维多利亚州的耐寒品种像苘麻一样，只需要一根一英尺长的粗壮插枝即可轻松成活——要在冬季的沙质土壤或松散土壤中成列扦插。木槿属中最有名的大概有"叙利亚木槿"（Hibiscus Syriacus）、昆士兰和新南威尔士的"蜀葵树"（Hibiscus splendens）、昆士兰的"酸模树"也即异叶木槿（Hibiscus heterophyllus），还有来自中国和印度的"木芙蓉"（Hibiscus mutabilis）。这些灌木平均十至十二英尺高，枝干的韧皮可以纺织出质地细腻的纺品。叙利亚木槿可以产出纤长美丽、韧性十足的白色纤维，可以用来织布或者制作线绳。瓜秋葵（Hibiscus esculentus）除了产出优质纤维之外，还可以结出有黏性的籽，在西印度群岛和南美是一种食物，称作"秋葵纤维"（ochro/gobbo/baudakai）。参见加法叶的《植物中的纤维》（1894）。

▶他一定要把它种满了荨麻。或是酸模草，**锦葵**。——《暴风雨》第二幕第一场

风茄（Mandragora/ Mandrake）——Mandragora officinarum（林奈），Mandragora vernalis（贝尔托洛尼），Atropa Mandragora（林奈）

别称：曼德拉草、毒茄参、恶魔果

分类：茄科

产地：地中海地区

药性：催吐、催泻、致幻

罂粟、**风茄**，

或是世上一切使人昏迷的药草，

都不能使你得到昨天晚上

你还安然享受的酣眠。

——《奥赛罗》第三幕第三场

如果咒骂能像**曼德拉草**发出的呻吟一样[1]把人吓死。

——《亨利六世》中篇第三幕第二场

这些使人听了会发疯的**风茄**般凄厉的叫声。

——《罗密欧与朱丽叶》第四幕第三场

---

[1] 译者注：英国迷信，曼德拉草从土中拔出时发出一种呻吟，使听到的人不死也要发狂。

给我喝一些**风茄**汁。

为什么，娘娘？

我的安东尼去了，

让我把这一段长长的时间昏睡过去吧。

　　　　　　——《安东尼与克莉奥佩特拉》第一幕第五场

　　风茄是一种致幻植物，关于这一点，有许多从古代希腊人、罗马人和犹太人流传下来的传说，其中一些即便今日也被蒙昧之人所信奉。

　　马斯特斯博士如此写道："在草药形象学说为蒙昧者所笃信的时代，偶见风茄的根与人的下半身相似，于是它就被视作具有神奇的功效……这种迷信由江湖骗子们靠坑蒙拐骗维系着，乃至直到今日仍然没有绝迹，尽管现在泻根（Bryonia dioica）误用着风茄之名。这并非唯一与此种植物相关的迷信，约瑟夫斯[1]提到它的主要用途是驱魔，因为恶魔无法忍受它的气味或样貌。约瑟夫斯甚至说任何人接触到风茄都必死无疑，除非在特定的条件之下，他在《犹太战争》第七卷第六章中对此加以详述。他提到以如下方法获取风茄可保无虞：'围绕着风茄挖一道沟，直到它的根只剩很小的部分埋在土中，此时将一条狗与风茄拴在一起，当狗奋力追随拴绳者时，风茄根便轻松被拔出土地了，但狗也会即

---

[1]　译者注：弗拉维奥·约瑟夫斯（公元 37—100 年），犹太历史学家。

刻毙命。如此一来就好像是狗取走了风茄，代人受死。未经此程序，没有人敢用手碰触风茄。'"

狄奥斯科里迪斯[1]提到，风茄分为雌雄两种，分别像男女之形，这似乎与现代植物学家发现的春季和秋季两个品种相符，秋风茄（Mandragora autumnalis）应该就是《创世纪》第三十章中所提到的风茄。

---

① 译者注：狄奥斯科里迪斯，公元一世纪古希腊医生。

May 1900

金盏花（Marigold）——Calendula officinalis（林奈）

分类：菊科

产地：南欧

药性：兴奋、发汗

陪着太阳就寝，

流着泪跟他一起起身的**金盏花**，

这些是仲夏的花卉。

——《冬天的故事》第四幕第三场

瞧那**金盏花**倦眼慵抬，

睁开它金色的瞳睛。

——《辛白林》第二幕第三场

当夏天尚未消逝以前，我要用黄的花、蓝的花，

紫色的紫罗兰、金色的**金盏花**，

像一张锦毯一样铺在你的坟上。

——《泰尔亲王配力克里斯》第四幕第一场

她两眼犹如**金盏草**，已经收敛了灵辉，

正在陶然安息，隐形于长夜的幽晦，

要等黎明再睁开，好把白天来点缀。

——《鲁克丽丝受辱记》

金盏花曾是我们祖先花园中最受喜爱的花卉，今日或许仍可在村舍花园和老农场中见到。这种植物的花有很高的药用价值，其汁液可以快速治愈新伤口或者溃疡。它同时也被用作调味香草，从上古时代起便用于给肉汤调味。

福克德指出，在英格兰最古老的草药志《格雷特草本志》中，金盏花被称作"圣母金"，不过旧时的诗人常常只用"金子"来称呼它，至今在英格兰的一些郡县仍然保留着类似的叫法。林奈曾说此花通常在上午9点到下午3点之间开放，如果开花则预示着天气干燥，如果花瓣闭合则预示有雨。这一特点再加上它总是将金色的面庞朝向太阳的习性，令它有了"太阳之侣"的别称。亨利四世的外祖母玛格丽特选取向阳的金盏花作为纹章图案，并题有"唯愿追随"（Je ne veux suivre que lui seul.）的字样。

"金盏花"（Marigold）一词被用于许多植物："非洲金盏花"即万寿菊、"小麦金盏花"即南茼蒿、"法国金盏花"即孔雀草、"沼泽金盏花"即驴蹄草。其中，驴蹄草归属于毛茛科，遍布欧洲各处，也见于西亚和北美。

南非金盏花（Cryptostemma calendulacea）属于菊科，和普通金盏花一样，它也在维多利亚州的许多地方被视作有害的杂草。它是一种一年生植物，很多年前作为饲料植物从非洲引进。参见加法叶的《澳大利亚植物学》第 108 页。

牛至（Marjoram）——Origanum vulgare（林奈）

别称：墨角兰

分类：唇形科

产地：欧洲、亚洲和北非

药性：刺激、开胃

这是给你们的花儿，

浓烈的薰衣草、清香的薄荷，还有**墨角兰**。

——《冬天的故事》第四幕第四场

李　尔　口令！

爱德伽　**墨角兰**。

李　尔　过去。

——《李尔王》第四幕第六场

可不是吗，大人，她就是**甘牛至**、天恩草，

把她拌在菜里吃，一定也很香。

——《终成眷属》第四幕第五场

牛至因调味香草而闻名，莱尔称之为一种"清新柔嫩的香草"和"优雅芬芳的植物"。

"通过蒸馏获取的牛至香精油气息非常浓郁，可以媲美各个品种的百里香精油。每百磅牛至干叶产出十盎司精油。牛至香精油被广泛用于制作香皂，不过在法国的使用多过英国。"——皮耶斯

作为一种蜜源植物，牛至在欧洲一些地区被大量种植，它们喜爱干燥的丘陵地带。约有二十五个牛至品种为人所知，主要见于地中海区域。甘牛至（Origanum Majorana）是从东方引入英格兰的。拉潘指出，古希腊作家笔下的 Amaracus 一词所指的便是这种植物：

"那些甘牛至装饰着你的花园，
不留一点灰暗。若把她风干，
那芬芳会唤起你的敬重，
她以高洁遐迩闻名。
在西摩伊斯河岸，美丽的维纳斯将她捧起，
女神的碰触是她芳香的来历。"

槲寄生（Mistletoe）——Viscum album（林奈）
分类：桑寄生科

产地：欧洲和温带亚洲

药性：旧时用于治疗神经紊乱

虽然是夏天，这些树木却是萧条而枯瘦的，

青苔和槲寄生侵蚀了它们的生机。

——《泰特斯·安德洛尼克斯》第二幕第三场

这种著名的寄生植物有着常绿枝叶和漂亮的透明白色浆果，备受我们祖先的喜爱。和我们今天一样，他们也用它装点圣诞节的房屋。槲寄生曾享有人们的敬畏，因为它在德鲁伊教中拥有神性力量，可以驱退邪灵。鸟类将它的种子落在地里，它由此发芽生长，每年几乎可以生长于任何落叶的树上。澳大利亚有许多优美的本土品种，昆士兰、澳洲北部和西部的几个品种可以开出硕大的猩红花朵。它们都归于桑寄生属。但是桑寄生科之下的一种最引人注目，而且无疑是最华丽、最独特的品种，当属澳洲圣诞树（Nuytsia floribunda）。它又被称作"乔治王湾火焰树"和"天鹅河烈焰树"。这种树通常可以长到二十五至三十英尺高，开出大团大团的长管状浅橙色花朵，是每年十二月最夺目的风景。与桑寄生科其余品种都不相同，它无须寄生，可以像一般的树一样立于地面生长，其树干可以渗出大量树胶。澳大利亚拥有槲寄生属的三个品种和桑寄生属的十九个品种。槲寄生（Viscum album）曾被高卢人所崇拜，普林尼告诉我们："德鲁伊祭司将槲寄生和它寄生的树木奉若神明——-如果是橡树的话。他们的祭神活动总是选择在橡树林举行，并且一定要有橡树叶仪式才能进行。或许因为这个原因，他们根据古希腊词源被称作'德鲁伊'（Druids），意为橡树先知。他们认为橡树上生长的所有槲寄生都降自上天，选择这棵树是出于神的意志。这样的橡树不常见到，不过一旦发现，便会为之举行盛大的仪式。他们有一个专门的词语称呼这样的橡树，在他们的语言中意为'百病之医'。他们会在树下按时举办宴会和祭典，带来两头首次系住牛角的白色公牛，祭司身着白袍，攀登到树上，用金子打造的修枝钩镰割下槲寄生，置于白色斗篷或者白布中。接下来他们开始献祭仪式，向神灵祈求护佑。"

苔藓（Moss）——Sphagnum 等，依品种而定

别称：泥炭藓

分类：藓纲

产地：世界各地

这些寿命超过鹰隼，

罩满**苍苔**的老树。

——《雅典的泰门》第四幕第三场

在一株满覆着**苍苔**的

秃顶的老橡树之下。

——《皆大欢喜》第四幕第三场

莫让野蔓闲苔偷取你雨露阳光！

——《错误的喜剧》第二幕第三场

是的，当百花凋谢的时候，

我还要用茸茸的**苍苔**，掩覆你的寒冷的尸体。

——《辛白林》第四幕第二场

　　在莎士比亚时代，"苔藓"（Moss）一词包括所有贴地生长、表面无花的植物，如今它们已被划分为苔藓、地衣、石松、獐耳细辛、叶苔等。它们生长在各种不同的地方，但新西兰西海岸森林阶地上的那些大概没有其他可以与之媲美——它们铺展在两三英尺厚的广阔而宜人的软土之上。已有几千个品种的苔藓为人所知，它们是覆盖在岩石、沙土和树干表面的最初的植物，将无机物改变为可以供养更高级植被生长的环境。苔藓喜湿，相比炎热气候来说更喜爱寒冷和温和的气候。一些苔藓生长于沼泽地带，逐渐充塞其间，长得十分密实。在没有更好选择的时候，一些品种可作为牲畜，特别是驯鹿的饲料。

　　什么才能算作真正的苔藓，《约翰逊园艺辞典》从植物学上给出了最佳的描述：

"苔藓是无花植物，与蕨类紧密相邻。它们茎的中心部位由细长细胞构成，但是没有真正的维管束。每一株苔藓都具备一根单茎或分枝茎，其上长出叶片和繁殖器官。雄株的繁殖器官称为精子囊，雌株的称为颈卵器，它们通常存于植株顶端的芽状结构中，或是在茎的侧面。受精之后结果，果实有一层荚（膜），包裹着或长或短的柄（刚毛），其中包含着大量微小的籽（或称孢子）。当孢子成熟后，先前由一圈橡皮筋（体环）箍住的盖子（藓盖）脱落，荚随之打开。荚口里有许多牙齿（统称为'蒴齿'），排成一行或两行。在不同品种之中，这些牙齿的数量是恒定的，且都是四的倍数。苔藓有吸湿的特性，干燥时体积增大，潮湿时则体积缩小、荚口打开，以便在这适宜的环境下散布孢子。孢子在发芽时会形成一种绿色细丝状的原丝体，是植株的原形。此外，有些苔藓也通过胞芽来繁殖。"

大众常用"苔藓"（Moss）一词表示低矮的簇生植物，如景天、梅衣（地衣的一种）、藻类等。"冰岛苔藓"（Cetraria islandica）实为地衣，是一种富于营养的著名食品。此外，别名"爱尔兰苔藓"的角叉藻（Chondrus crispus）以及其他一些藻类，据伯克利神父所言，可用作牛饲料，或者做成适合病弱者的海藻胶，虽然它们的海洋气息和口感令其难以成为鱼胶的完美替代品。"不过，毫无疑问，"他补充道，"在病房里，它是远胜于明胶的替代品，因为后者的营养成分趋近于无，或者尚不明朗。"

桑树（Mulberries）——Morus nigra（林奈）

别称： 黑桑、白桑（Morus alba）

分类： 荨麻目

产地： 温带亚洲

药性： 驱肠虫、宣泄、通便

那时提斯柏却躲在**桑树**的树荫里。

——《仲夏夜之梦》第五幕第一场

巴拉蒙走了，到林子里采**桑葚**去了。

——《两位贵亲戚》第四幕第一场

克制你的坚强的心，

让它变得像摇摇欲坠的

烂熟的**桑子**一样谦卑。

——《科里奥兰纳斯》第三幕第二场

桑树分为黑白两种，它们远在莎士比亚时代之前便种植于英格兰。

汤普森写道："图瑟于 1557 年提到黑桑这种植物。据记载，1548 年，最初的一批桑树栽种于锡永宫。然而早在 1524 年之前，第一代诺森伯兰公爵便声称这些树可追溯到三个世纪以前。

的确，一些修道院附近曾经生长着非常古老的桑树，我们有充足的理由相信它们是由修道士引入此地，其历史与寺院一样悠久。培根曾在伦敦的一棵桑树下乘凉，而众所周知，莎士比亚在斯特拉福德镇有一株最爱的桑树。加里克曾在他位于汉普顿宫附近的乡间庄园里种植了两棵桑树，我们曾亲眼得见，它们至今（或在不久前）还活着。"

福克德写道："1759 年，莎士比亚所植的黑桑被鲁莽地砍掉了。但是十年后，当加里克接管斯特拉福德镇时，交接文件是装在一个桑木盒子里的。此外还有一只杯子也由桑木制成，加里克曾在一次莎士比亚的纪念活动上高举此杯，吟唱以下由他自己创作的诗：

"看这优美的高脚杯，从那树木而来。
那树，哦亲爱的莎士比亚，是由你所栽。
我亲吻这圣人的遗物，我向那圣树鞠躬，
任何事物经你之手都会变得神圣！

一切都应拜倒于那棵桑树，
向神佑的桑葚俯首。
栽下你的人举世无俦，
而你，如他一样，将永垂不朽。"

为了在维多利亚州发展全世界利润较高的产业之一——养蚕，白桑不同变种的种植应引起充分的重视。我们的气候带似乎十分适宜养蚕，而且从过去几年间一些热心投入其中的养蚕者所取得的成功来看，只要开展得当，养蚕事业无疑将会在维多利亚州和澳大利亚其他地区修成正果。

对于如何产出最好的蚕丝，不同的育树理念林立，具体做法也大相径庭。一些人推荐"灌木系统"（密集栽种，不让树木长成乔木形态），另一些人坚称标准做法，即"乔木系统"是最佳方式。两种系统各有优势，无疑要根据具体情况来判断。灌木系统流行于印度，而意大利人则采用标准系统。谈到供蚕食用的桑叶，近些年颇受推崇的品种是阔叶桑（白桑的变种——鲁桑），它由佩洛特从菲律宾群岛引入法国，而最初应该产自中国。然而，由于所有桑树品种都可以在此地繁茂生长，养蚕失败不可将借口推脱于缺少合适的养蚕食物。

几乎所有最好的蚕用桑树品种都可以在墨尔本植物园中见到活株。

▶ 克制你的坚强的心，让它变得像摇摇欲坠的烂熟的桑子一样谦卑。——《科里奥兰纳斯》第三幕第二场

蘑菇（Mushrooms）——Agaricus campestris（林奈）

分类：真菌

产地：欧洲、亚洲等地

在月下的草地上留下了环舞的圈迹，

使羊群不敢走近的小神仙们；

以及在半夜中以制造菌蕈为乐事，

一听见肃穆的晚钟便雀跃起来的你们。

——《暴风雨》第五幕第一场

我在各地漂游流浪，

轻快得像是月亮光；

我给仙后奔走服务，

草环上缀满轻轻露。

——《仲夏夜之梦》第二幕第一场

每夜每夜你们手挽手在草地上，

拉成一个圆圈儿跳舞歌唱，

清晨的草上留下你们的足迹，

一团团葱翠新绿的颜色。

——《温莎的风流娘儿们》第五幕第五场

坏东西（Toadstool **毒蘑菇**），把布告念给我听。

——《特洛伊罗斯与克瑞西达》第二幕第一场

在莎士比亚时代，人们对蘑菇疑虑重重（当时蘑菇和毒蕈被划为同类）——尽管人们吃得很多，乃至有了治疗"蘑菇食用过量"的草药方子。

所谓"仙女环"指的就是某些真菌的环状排列，它们的生长模式便是在草地或牧场向外扩展。仙女环带来了许多传说，例如《不列颠田园诗集》中的以下诗行：

"迷人的芳草上，

仙子有韵律地踏着步子。

在草地留下一个个圆环，

仿佛为青草戴上了花冠。"

杰出的真菌学专家之一伯克利写道："蘑菇属之下分为五个自然类群，对应的孢子颜色分别为白色、粉色、铁锈色、紫褐色和黑色。虽然有个别例外，但这个划分整体而言令人满意，再加上一点经验，可以助人轻松做出判别。

"考虑到至少有一千多个品种，可以想见分类必然存在诸多困难，因此辨别品种也并不总是那么容易。不过正如植物界的其他植物一样，品种之间的界限本身便不容易确定，可以说，植物的世界里没有确凿无疑的品种，同时也不能把一切仅视作没有任何稳定性的偶然产物。许多蘑菇在形态和色彩上有着超凡的美丽与优雅……

"它们遍布世界各地，但在空气湿润、温度适宜的地方生长得尤其繁盛。一些品种堪称珍馐美味，而另一些则于人有害，哪怕只摄入很小的量。可食用品种的数量有可能远多于我们通常的想象，但是因为错认品种或者将有毒与无毒相混杂而发生的事故也屡见不鲜，这些情况远没有得到应有的重视。不过通常来说，如果生蘑菇尝起来不算难以入口，那么就没有什么危险——然而用这种方法也不能排除严重的例外。只要小心行事，真正有用的品种可以毫无风险地轻易辨别出来。在意大利，据说常见的蘑菇大多有毒。因为蘑菇有毒与否取决于其中毒碱的发育程度，而这一点会因气候和环境而变化，所以哪怕是通常有益健康的品种有时也可能变为有害的。杰拉德谈到蘑菇或毒蕈时说道：'它们很少有适合食用的，大部分会令食者胸闷气短甚至窒息。因此我想给那些喜爱这种新奇肉类的人们一些忠告，小心别在荆棘丛中舔蜜，以免某刻的甜蜜抵不了其他时刻的刺痛。'"

在杰拉德时代，人们对真菌学所知寥寥。不过即使到了今日，该学科的知识已经有了长足进展，但在摊贩那里购买或者在田野里采摘蘑菇时，仍然需要多加留心，因为有一些毒蘑菇与食用品种非常相似，如果不慎吃下会有严重的后果，例如恶心、头痛、谵妄、抽搐甚至死亡！据说加大量的盐和醋，并且经过长时间的烹饪可以去除许多品种的毒性。在那些几乎遍布世界的营养丰富的蘑菇之外，还有许多品种以美味著称。才华横溢的库克博士创作了多部真菌学和其他学科的作品，他在《澳大利亚真菌手册》的前言部分写道："在澳大利亚有多少蘑菇品种可供食用，其数量很难估计，因为在欧洲的已知食用品种之外只有寥寥几个本土的例子，由此可以断言全部的可靠品种大约有七十种。其中，除了常见的蘑菇之外，还有赫赫有名的鸡油菌、美丽的紫绒丝膜菌、药用价值很高的毛头鬼伞、来自欧洲的齿菌和珊瑚菌，以及珊瑚菌属的一些品种包括绣球菌、牛肝菌属的一些品种如美味牛肝菌和白牛肝菌，盘菌属的六个品种，此外当然还有羊肚菌的全部品种……

"至于有害品种，不幸的是也有很多。有些并非毒理学上的有害，这就要说到那些攻击和破坏经济作物的微型真菌，它们带来葡萄藤病害、苹果黑星病、烟叶霉变和许多其他破坏。"

根据库克博士的统计，可描述的真菌品种约有 36000 种，澳大利亚目前占其中的十八分之一，不列颠群岛上发现的品种数目与此相当，约占总数的十八分之一。

真菌家族中的许多成员呈现出与众不同的特性。例如，一些澳大利亚的伞菌和多孔菌可以在夜间发光。这一现象不仅限于成形的真菌，也可以在一些菌丝体身上见到，它们镶嵌在枯树的枝干上，无论是立着还是倒下。澳大利亚土著将这样的树木命名为"月之树"，在疏林中偶尔可以遇到单个的样本，但更常见于浓密湿润的灌木丛中，它们铺满林间，常常绵延几英亩。这是一幅奇异的景象，特别是在静谧统摄着万物的夜晚，只有一片叶子落下或一只萤火虫闪过才能稍稍将之扰动。这些树木中散发出的光芒有时格外明亮，笔者有几次在昆士兰和新南威尔士北部做野外植物考察时被困在黑暗之中，在一段生长着大量多孔菌的枯树枝的帮助下，才得以走出幽暗的丛林。通过来回摇摆树枝，我发现上面的光变得更加明亮，我由此轻松避免了被木桩、藤蔓或岩石绊倒的风险。发光蘑菇或许是陆生夜光菌中最艳丽的一种，不过它们有时还可以在茂密的热带丛林之中倒地的腐木上见到。

June 1900

香桃木（Myrtle）——Myrtus communis（林奈）

别称：桃金娘、爱神木

分类：桃金娘科

产地：南欧和东方

在**桃金娘**的树荫下，

维纳斯坐在年轻的阿多尼斯身边，

追求着他。

——《热情的朝圣者》

裙上绣满**爱神木**的叶瓣。

——《热情的朝圣者》

香桃木在莎士比亚时代是一种罕见的植物，被视作优雅之美的象征。在前基督教时代，这种植物专属于维纳斯。

古人十分尊崇香桃木。雅典的地方执法官和奥林匹克运动会的胜利者都头戴香桃木花冠，分别喻示着权威与和平。古罗马人一直将香桃木的花簇用作节庆和欢愉的象征，或者胜利的标志。犹太人用它代表和平与正义，在《圣经》中它多次出现，是慰藉的象征。"松柏要长起来代替荆棘，桃金娘要生出来代替蒺藜：这将为上主留名，作为一座不能磨灭的永久纪念碑。"（《以赛亚书》55：13）此外在《撒迦利亚书》中它也被提及："耶和华就用美善的安慰话回答那与我说话的天使。"（1：8–13）那天使就站在桃金娘丛中。

　　虽然桃金娘科植物在澳大利亚植被中占据着重要的席位，包含大约一百五十种桉树、一百种白千层、二十种薄子木和二十种番樱桃，以及近缘属中的几百个其他品种，但是根据记录，真正的香桃木品种却不超过十一个，其中六个只生长于昆士兰，另外五个则同时存在于新南威尔士。美丽的红千层属之下有十二个不同品种，以及许多变种，其中几个原生长于维多利亚州和南澳大利亚州，连同另外一些也同时见于新南威尔士。三个品种独属于昆士兰，还有一个独属于塔斯马尼亚岛。新西兰有四个开深红色花朵的铁心木品种，一个叫作"拉塔树"（Rata），还有一个叫作"波胡图卡瓦树"（Pohutukawa），二者都绚丽多姿。后者又称作"新西兰圣诞树"（Metrosideros tomentosa），其花朵之华丽可以与西澳大利亚州著名的红花桉相媲美。新西兰也有许多桃金娘科植物，包括香桃木属的几个品种。

荨麻（Nettles）——Urtica dioica（林奈），Urtica urens（林奈）

　　别称：刺荨麻

　　分类：荨麻科

　　产地：欧洲

194

药性：旧时用于净血

为我的敌人们多生一些刺人的荨麻。

——《理查二世》第三幕第二场

我的傻瓜老爷子，

我们要从危险的荨麻丛里采下完全的花朵。

——《亨利四世》上篇第二幕第三场

让荆棘、荨麻和黄蜂之尾来搅乱我的睡眠。

——《冬天的故事》第一幕第二场

那么我就像一棵盼望五月到来的荨麻一样，在他的泪雨之中长了起来。

——《特洛伊罗斯与克瑞西达》第一幕第二场

是荨麻我们就叫它荨麻，

傻瓜们的错处一言以蔽之，其名为愚蠢。

——《科里奥兰纳斯》第二幕第一场

你的驾轭比铅块还重，比荨麻还刺人。

——《两位贵亲戚》第五幕第一场

　　这些植物虽然被视作恼人的杂草，但是不无用处。欧荨麻（Urtica urens）煮水，在英格兰北部是一道夏日饮品，据说吉卜赛人还将它用作食材。在古时候，荨麻的内皮被用来纺线织布。此外据说它还是蝴蝶和其他昆虫的最爱，有超过三十种昆虫寄食其上。

　　除了有许多伟岸壮丽的树种之外，荨麻科还包含几种最有用的纤维植物，例如苎麻和大麻。野生的多年生荨麻（Urtica dioica）在德国和欧洲大部分地区十分常见，它们的茎高逾三英尺，从中可以产出略逊于大麻的纤维。高大的刺荨麻生于新南威尔士北部和昆士兰，它们的树皮可产出一种强韧的粗纤维，当地人用于制作钓鱼线和袋子等物。这种树常常可以长到一百多英尺高，树围平均可达十二至十八英尺。它的叶子阔大，有时在幼树状态下即可达到一英尺宽。但如果有人被叶片吸引，用手去摸，就会惹祸上身！一经碰触就会立刻引发难以忍受的疼痛，不仅被刺的部位会肿胀发炎，而且短短几分钟后，腋窝和身体的其他部位也会感到剧痛，充分显示出其枝叶分泌的毒液之烈。当澳洲土著被刺伤后，他们会立刻跑去寻找一种海芋，当地人称为昆加沃（Conjevoy），它们出于自然法则，通常就生长在刺荨麻附近。取一部分这种气味刺鼻的植物的茎或根擦拭于刺伤处，可以缓解疼痛，但还是越快施用解毒药越好，否则钝痛可能会持续一些时日。

据马斯特斯博士记述，印度有一些荨麻品种的毒刺的毒格外猛烈，帝汶岛上有一个品种，当地人称为"恶魔叶"，如果被它刺伤，疼痛可以持续十二个月，甚至可能致死。

坚果（Nut）——见榛树（Hazel）

肉豆蔻（Nutmeg）——Myristica fragrans（侯图伊恩），Myristica moschata（桑伯格），Myristica officinalis（林奈）

分类：肉豆蔻科
产地：摩鹿加群岛、热带印度
药性：芳香、兴奋

我要不要买些番红花粉来把梨饼着上颜色？**豆蔻壳**？枣子？
——不要，那不曾开在我的账上。**豆蔻仁**，七枚。

——《冬天的故事》第四幕第二场

那匹马浑身是**豆蔻**的颜色。

——《亨利五世》第三幕第七场

马斯，那长枪万能的无敌战神，垂眷于赫克托，马斯给了赫克托一颗镀金的**豆蔻**。

　　　　　　　　　　　——《爱的徒劳》第五幕第二场

　　虽然肉豆蔻这种树直到莎士比亚时代之后才为英国人所知，但它的果实以及包裹果实的种衣很久以前就已被引入。

　　马斯特斯博士告诉我们："肉豆蔻主要种植于摩鹿加群岛、爪哇岛、苏门答腊岛和孟加拉国等地。它树高二十至二十五英尺……果实很像桃子，侧面有一道纵向沟槽，会沿此处露出封在里面的种子。种子的外部被假种皮包裹，这一部分也就是所谓'肉豆蔻衣'。肉豆蔻种子本身有一层又厚又硬的外壳，可以在晒干后剥掉，得到里面的种核，这便是商铺里所卖的肉豆蔻。

　　"在班达群岛，肉豆蔻的主要种植地，其果实可以采集三季——四月、七月和十一月。肉豆蔻衣最初呈漂亮的深红色，要经受晾晒或者人工加热，如果天气相宜，它会很快变成金黄色。晒干之后，肉豆蔻种子的外壳便可剥落……

　　"最负盛名的肉豆蔻产自槟榔屿，约有一英寸长……曾有一段时间，肉豆蔻的种植完全掌握在荷兰人手中，他们想尽一切办法垄断这一产业，而最后他们可以说是败给了一种鸽子。鸽子把肉豆蔻从包裹它的果肉中衔出来，吃掉种衣，肉豆蔻本身则完好无损。据说在以前，荷兰人会在收成过好的时候焚烧肉豆蔻，以便保持高价格。直到今日，仍有英国老妇人总是在口袋里放着一枚肉豆蔻，那是她们年轻时代养成的习惯，因为英法战争和荷兰人的垄断导致香料价格异常高昂。"

　　澳大利亚肉豆蔻（Myristica insipida）的植株约中等大小，生长于昆士兰和北领地，曼森·贝利描述其为"寡淡无味，没有真正肉豆蔻的浓香"。

橡树（Oak）——Quercus Robur（林奈）

别称：栎树

分类：壳斗科

产地：欧洲和西亚

药性：收敛、利尿

瞧他躺在一株**橡树**底下，

那古老的树根露出在

沿着林旁潺潺流去的溪水上面。

　　　　　　　　——《皆大欢喜》第二幕第一场

无数的人像叶子依附**橡树**一般依附着我，

可是经不起冬风的一吹，他们便落下枝头，

剩下我赤裸裸的枯干，

去忍受风雨的摧残。

　　　　　　　　——《雅典的泰门》第四幕第三场

哪一艘**橡树**造成的船身，

支持得住山一样的巨涛迎头倒下？

——《奥赛罗》第二幕第一场

谁要是信赖着你们的欢心，就等于用铅造的鳍游泳，用灯芯草去斩伐**橡树**。

——《科里奥兰纳斯》第一幕第一场

虽然抚躬自愧，对你誓竭忠贞，

昔日的**橡树**已化作依人弱柳。

——《爱的徒劳》第四幕第二场

我曾经看见过咆哮的狂风

劈碎多节的**橡树**。

——《裘力斯·凯撒》第一幕第三场

我把火给与震雷，

用乔武大神的霹雳，

碎了他自己那株粗干的**橡树**。

——《暴风雨》第五幕第一场

一棵质地坚硬的**橡树**，即便用一柄小斧去砍，

那斧子虽小，但如砍个不停，终必把树砍倒。

　　　　　　　　——《亨利六世》下篇第二幕第一场

小妖们往往吓得胆战心慌，

没命地钻向**橡斗**中间躲藏。

　　　　　　　　——《仲夏夜之梦》第二幕第一场

　　莎士比亚三十五次写到橡树或者它的果实橡子。它是英国的主要林木，与很多历史故事相关，同时也是"坚强不屈和坚韧不拔的象征"。

　　《植物学宝库》在"栎属"标题下写到橡树："橡树在任何时代都备受敬重——从亚伯拉罕得见耶和华的'幔利橡树'到希腊人眼中的神树，再到罗马人尊奉的朱庇特之树。德鲁伊在树旁安家，在树荫下祭祀。即使是我们，对这森林之王也怀着敬意和感激，这些感情是这个铁甲舰队的时代无法完全抹除的。今天在英国的一些郡里我们仍旧保存着'福音橡木区'（Gospel Oak）这样的名称，遥指着那个在树荫下轻声念诵忏悔诗和福音的年代。在举行敲打教区边界的仪式时——据说这一行为起源于祭祀界神忒尔弥努斯，橡树是显而易见的休息之所。"希斯写道："结实和耐久的品质令橡树逐渐在森林中引人注目，这个过程缓慢，因为它的生长速度通常还达不到每年增长一英寸树围。不过它的长处

在于坚固，树干和树枝皆然。它的高度并不突出，虽然据记载英格兰有橡树长到了一百多英尺高，树干部分就高约七十英尺。"

尽管德莱顿如此写道：

"他用三个世纪长成，

三年保持全盛，

再有三年则开始枯萎。"

但是，有充分可信的记录表明，一些橡树在长成之后又存活了几个世纪之久。

仅仅围绕着英格兰和苏格兰的橡树，便可以写出厚厚几卷趣味和教益兼备、历史与传说交融的作品。温莎森林中至少有二十几棵橡树，每一棵都有悠久的历史，其中有几棵已历千年，至今仍然存活。夏栎（Quercus Robur）虽然被称为"英国橡树"，但是从阿特拉斯山脉和托罗斯山脉一直绵延至北纬63度都有它的踪迹，几乎与欧洲的小麦种植范围相当。早在人类历史的开端，广阔的橡树林便覆盖着中欧，直至今日仍然是俄国南部、德国、法国和英国的常见树种。库克、德·堪多和其他一些专家指出，英国橡树可视作一个典型品种，波缘叶橡树和无梗花栎都是它的亚种，通常认为是仅存于英国的本土品种。这两个亚种又有许多变种，林奈学会成员、邱园园长乔治·尼克森先生是英国树木方面较权威的专家之一，他在《园艺词典》中列举并描述了前者的九个变种和后者的四个变种。波缘叶橡树和无梗花栎之间有几个最显著的差异，后者的特别之处在于，它的叶子枯萎之后仍然留在枝头，到了春天会再次焕发生机。关于这一特性，在墨尔本一带的公园和花园里能见到许多例证。以国库花园为例，在官署对面有一排橡树，可以发现有几株会在秋天大量落叶，而其余几株的叶子虽然枯萎却不会落下，将一直度过冬天。有人说这是由某些虫害造成的，但这种看法有误——虽然这几棵树都无疑遭受着虫害，如殖民区里另外几百棵橡树一样。

据《邱园索引》所载——该著作仅记载品种而不涉及变种，栎属之下有 337 个品种为人所知。栎属植物广布全球，见于欧洲、北美、中国、日本、东印度群岛、喜马拉雅山脉、爪哇岛、苏门答腊岛、马来半岛、菲律宾、墨西哥、加利福尼亚、危地马拉、西亚、哥斯达黎加、缅甸，乃至新几内亚。但是到目前为止，澳大利亚仍然找不出一个本土品种，尽管橡树所属的壳斗科有山毛榉为代表。

"赫恩橡树"的一大段枯树干和一根主枝一直保存到了1863 年。当那棵树被大风刮倒之后，维多利亚女王陛下立即下令种下一棵同样品种的新橡树（英国橡树），在树前的地里竖下石碑，上面的薄铜板上刻着："此树由维多利亚女王陛下栽于1863 年 9 月 12 日，以标示赫恩橡树之所在。"其下则刻着《温莎的风流娘儿们》第四幕第四场中的段落：

"有一个古老的传说，

说是曾经在这儿温莎地方做过管林子的猎夫赫恩，

鬼魂常常在冬天的深夜里出现，

绕着一株**橡树**兜圈子。"

赫恩是伊丽莎白时代的一名守林人，他在一棵橡树上吊死，于是便有迷信称此地有他的鬼魂出没。

英国的古老橡树享有崇高的地位，例如有"福音橡树"之类的地名等。有些贵族庄园中，哪怕枯死的树干和枝条也由柱子支撑着，或者用铁条箍着，甚至用栅栏围起来，以免遭访客损坏。笔者曾目睹一个美国游客贪婪的破坏行为，在哈特菲尔德，他攀越那棵著名的"伊丽莎白女王橡树"的围栏，蓄意削下了一大片树皮。有这样一个故事流传：1558 年，伊丽莎白女王还是政治犯的时候，有一天正坐在这棵橡树的树荫之下，此时传来了她的姐姐玛丽去世的消息，令她成为英格兰的君主，十七年后，她又在这棵树下接见了爱尔兰的副司库费顿。这棵树的年龄我们不得而知，但是据说现在已经几近枯死，仅存的生命迹象只有顶端长出的几根细枝。长久以来，树干的中空部分一直以水泥填充，树干上所有的树皮几乎都已剥落。

墨尔本植物园里有一片草坪称作"橡树草坪"，那里有许多有趣的橡树品种，在澳大利亚难得一见。例如"染料栎"（Quercus tinctoria），这是一个北美品种，可以产出栎皮粉，用来制作黄色染料。植物园中只有一株它的样本，叶丛总是在初秋闪耀着绯红。胭脂虫橡树（Quercus coccifera）是地中海区域的原生品种，它的树皮为鞣皮匠所用，同时它可以供养一种类似于胭脂虫的昆虫，产出一种深红色染料，东方人称为"胭脂"。山羊栎（Quercus Aegilops）及其变种（其反折鳞片富含单宁酸，主要从黎凡特公国进口到英国）在花园中也有一株代表。栓皮栎（Quercus suber）是南欧和北非的原生品种，它可产出多层树皮，制成商品软木，园中有几株上等样本。除此之外，冬青栎（Quercus Ilex）、土耳其橡树（Quercus cerres）、几乎常青的美丽的葡萄牙橡树（Quercus Lusitanica）、白橡（Quercus alba）以及另外二十多个同样有趣的橡树品种，都可以在这片草坪见到。

燕麦（Oats）——Avena sativa（林奈）

分类：禾本科

产地：未知

药性：淀粉质、镇痛

刻瑞斯，最丰饶的女神，

你那繁荣着小麦、大麦、黑麦、**燕麦**、野豆、豌豆的膏田。

——《暴风雨》第四幕第一场

真的，来一堆刍秣吧；

您要是有好的干燕麦，也可以给咱大嚼一顿。

——《仲夏夜之梦》第四幕第一场

当无愁的牧童口吹麦笛，清晨的云雀惊醒了农人。

——《爱的徒劳》第五幕第二场

我不会拖车子，也不会吃干燕麦；

只要是男子汉干的事，我就会干。

——《李尔王》第五幕第三场

莎士比亚时代已经有了燕麦，但是鲜有人知，除非是作为马的饲料——虽然它也用来制作燕麦面包。

燕麦的原产地如小麦、大麦和黑麦一样争议纷纷，一派人坚称它们都是"从野生品种中偶然获取的，虽为人所种植却保持着自身的习性，并在漫长岁月中逐渐定型"。另一派人认为它们原产自欧洲、亚洲和非洲的温带地区［参见《小麦》（Corn），1899年10月第5期］。福克德在《植物传说与抒情诗》中写道："燕麦在古罗马人之中声誉不佳，普林尼曾说'燕麦是最差的谷类'。"在英文古籍中，燕麦被称作 Haver 或 Hafer corn，今天的威尔士仍然称为 Hever。在北欧神话中，洛基是谎言与诡计之神，"洛基的花园（Haver）"与"魔鬼的燕麦"是同义词语，

它们最初用来指称所有对牲畜有害的草类。丹麦人将金发薤称为
"洛基的燕麦"，在其传说中，北欧的邪神常常恶意将杂草播撒
在良种之间，这或许解释了英国俗语"他到处播撒他的野燕麦"
（He is sowing his wild Oats）的由来。

July 1900

油橄榄（Olive）——Olea Europaea

分类：木樨科

产地：地中海地区和东方

带我到你们的城里去，

我要一手执着橄榄枝，一手握着宝剑。

——《雅典的泰门》第五幕第四场

但愿今天一战成功，让这鼎足而三的世界，

长满茂盛的橄榄树。

——《安东尼与克莉奥佩特拉》第四幕第六场

我不是来向您宣战，也不是来要求您臣服，

我手里握着橄榄枝，我的话里充满了和平，也充满了意义。

——《第十二夜》第一幕第五场

现在不再有一柄叛徒的剑拔出鞘外，

和平女神已经把她的橄榄枝遍插各处。

——《亨利四世》下篇第四幕第四场

上天已把橄榄枝和桂冠赋予你。

——《亨利六世》下篇第四幕第六场

请问你们知道不知道在这座树林的边界，

有一所用**橄榄树**围绕着的羊栏？

　　　　　　　　——《皆大欢喜》第四幕第三场

　　油橄榄，除了是一种重要的产油植物之外，还被视作和平的象征，犹太人、希腊人和罗马人对它尊奉有加。在澳大利亚的许多地区，油橄榄的种植无疑已经步入正轨。但当我们了解到维多利亚州每年进口的橄榄油在40000加仑左右，其价值相当于20000到30000英镑，不禁惊讶于这种高产且高利润植物的种植尚未得到本地移民的广泛重视。油橄榄可通过扦插、吸根、压条和播种来繁殖，还可以与多种木樨科植物嫁接，例如总序桂、白蜡、女贞等。这种植物应该会在法国岛和菲利普岛繁茂生长。已故的布利斯德尔博士曾编纂一本小册子，以海外产业和森林事务皇家委员会的名义出版，题名为《新产业》，在其中提供了有关维多利亚州油橄榄种植的极其宝贵的资料。阿德莱德的萨缪尔·达文波特爵士（他在当地开辟了广阔的油橄榄种植园，从意大利和西班牙引进了一些最知名的品种，为澳大利亚贡献甚多）也写过一篇文章，考虑在澳大利亚海岸地区开辟种植园的人应该读一读。

　　常见的栽培油橄榄有几十个果实形态、大小和颜色各异的变种，在此之外还有三十五个其他品种，主要产于亚洲和非洲，不过也有少数见于美国、澳大利亚和新西兰。它们大多高度可观，全部可以产出坚固耐用的木材。

油橄榄是《圣经》中提到的第一棵树，诺亚从方舟中派出白鸽，它衔着橄榄枝飞回，自此橄榄枝便成为和平、和谐与繁荣的象征。

油橄榄以长寿著称，"若想给子孙留下不竭的财产，那就种一棵橄榄树"，这则谚语在意大利和土耳其代代相传，并为当地人所践行。在意大利的特尔尼，据说有普林尼时代的橄榄树依然伫立着。

在巴勒斯坦，橄榄种植园仿佛森林一般，一些橄榄树被证明至少有一千年的高龄。说到客西马尼园的橄榄树，其中有八株依然健在，斯坦利牧师写道："对于它们的年代或者真实地点尽管有着各种各样的质疑之声，但这八棵高山上的古老橄榄树仅凭它们不同凡俗的外表，就常常可以打动最漠不关心的看客。诚然，如今方济各会修士为它们加上了围栏，它们看上去已经没有曾经自由屹立于山坡林莽之间时那样夺目，但是，只要它们的生命还得以赓续，它们都是大地之上、同类之中最令人敬重的树木，那多节瘤的树干和稀疏的枝叶也将永远被奉为耶路撒冷最打动人心的神圣纪念。"

拉斯金在《威尼斯之石》中真挚地写道："橄榄树是整个南欧最独特和优美的风景。亚平宁山脉北部的山坡上，橄榄是常见的林木。它们覆盖着整个阿诺河谷，遍植于每一片园圃之中。橄榄树如在果园里一样，一列一列，从玉米地、麦田或葡萄藤架中生长出来。所以在佛罗伦萨、皮斯托亚、卢卡或者比萨的大部分聚居区，不可能找到一片土地没有橄榄树的荫庇。橄榄树之于意大利，正如榆树和橡树之于英格兰。"

洋葱（Onion）——Allium cepa（林奈）

分类：百合科

产地：波斯和巴基斯坦

药性：刺激

列位老板们，别吃洋葱和大蒜，

因为咱们可不能把人家熏得倒胃口。

——《仲夏夜之梦》第四幕第二场

要是为了表示对于死者的恩情，

必须洒几滴眼泪的话，

尽可以借助洋葱的力量的。

——《安东尼与克莉奥佩特拉》第一幕第二场

瞧，他们都哭啦，

我这蠢材的眼睛也像被**洋葱**熏过。

　　　　　　——《安东尼与克莉奥佩特拉》第四幕第二场

我的眼睛里有了**洋葱**的味道,真的要哭起来了。

　　　　　　　　　——《终成眷属》第五幕第三场

要是这孩子没有女人家

随时淌眼泪的本领,

只要用一颗**洋葱**包在手帕里,

擦擦眼皮,眼泪就会来了。

　　　　　　　　　　——《驯悍记》序幕第一场

　　洋葱自远古时代起就是人类的食材。它被用于人工催泪也有悠久的历史,在古希腊语、拉丁语和英语文献中都频频提到这种用途。

　　布斯告诉我们:"要表明洋葱对古埃及人有多么重要,我们只需援引希罗多德的话。他说在他的时代,金字塔上有一段铭文写道,1600泰伦脱的钱币被用来购买洋葱、萝卜和大蒜,供工人们在筑塔期间食用。即便是今天,西亚人和寒冷地区的居民都是洋葱的主要消费者。作为食材,洋葱比大部分其他蔬菜都种植得更为广泛。"

　　斯威夫特牧师写道:

"每一个厨师都坚信,

没有一道可口的菜肴少得了洋葱。

但是为了不要毁掉你的亲吻,

你的洋葱得彻底煮熟才行。"

生洋葱据说可以解烦渴。此外,将其浸在酒精之中,可以十分有效地用于清洁镀金框架。

在新南威尔士州和维多利亚州的许多地区,洋葱种植是利润最丰厚的产业。在菲利普港湾的贝拉林区,每季收获的洋葱可达每英亩二十二吨之多。在新南威尔士州昆比恩一带,马兰比吉河沿岸的洋葱也几乎可以达到这样的产量。

橙子(Orange)——Citrus Aurantium(林奈)

别称: 甜橙、橙花油树

分类: 芸香科

产地: 热带亚洲

药性: 芳香、止痉挛、安眠

这位伯爵无所谓高兴不高兴,也无所谓害病不害病;

您瞧他皱着眉头,也许他吃了一只**酸橙子**,心里头有一股酸溜溜的味道。

> ——《无事生非》第二幕第一场

不要把这只坏橙子送给你的朋友。

> ——《无事生非》第四幕第一场

咱可以挂你那稻草色的须，
你那橙黄色的须。

> ——《仲夏夜之梦》第一幕第二场

山乌嘴巴黄澄澄，
浑身长满黑羽毛。

> ——《仲夏夜之梦》第三幕第一场

你们费去整整的一个大好下午，
审判一个卖橙子的女人跟一个卖塞子的男人涉讼的案件。

> ——《科里奥兰纳斯》第二幕第一场

橙树最初由从西印度群岛引入欧洲。它最主要的产地是西班牙、葡萄牙和亚速群岛。各类橙子在维多利亚州的部分地区生长尚佳，而帕拉马塔、猎人谷、里士满和新南威尔士的特威德河区域尤以产出优质甜橙而闻名。在昆士兰较温暖的气候带，橙子的个头儿长得很大，但很多人认为其口味并没有更好，橙树的产量也并不比帕拉马塔或悉尼更高。《植物学宝库》中说，根据加莱西奥的研究，在亚历山大大帝时代，橙子在北非、叙利亚甚至梅地亚都不见踪迹，在他所入侵的印度领土中并无此物，因为尼阿库斯从未在印度人所浇灌的作物中提到橙子。但是阿拉伯人对印度的入侵比亚历山大更为深入，他们发现橙子多生长于内陆地区。据塔西奥尼教授研究，橙子是在9世纪由他们带回阿拉伯半岛的。11世纪时，橙子尚不为欧洲人所知，起码意大利人从未耳闻，不过随后很快由摩尔人带到了西边。到了12世纪末，塞维利亚已开始种植橙子。巴勒莫的种植则在13世纪，因为据说圣多明我于1200年为罗马圣萨拜娜女修道院栽种了一棵橙树。同样在13世纪，十字军在巴勒斯坦发现了大量的香橼、橙子和柠檬。随后或者到了14世纪，橙子和柠檬在意大利的几个地区充裕起来。

橙树在适宜的环境下可以活到很高的树龄，比如温暖且有遮蔽的环境、深厚的土壤和完善的排水。在西班牙和意大利，有几百棵橙树至少有一个半世纪的树龄，且依然生机勃勃。前面提到的圣萨拜娜女修道院中的那棵橙树据说已逾600岁，长到了三十二英尺高。尼斯有一棵栽于1789年的橙树，高五十英尺，树围近十二英尺，平均每年可结6000果。1885年，凡尔赛橙园的温室中栽种了一棵橙树，是由一颗1421年的种子萌芽长成的，被命名为"大波旁橙"。澳大利亚最老的橙树大概是新南威尔士

州帕拉马塔的两棵，据说栽种于 1840 年。

弥尔顿曾如此描绘橙树：

"这是谁的果实，金黄的外皮莹润光洁，

如此平易近人地低垂。赫斯帕里得斯的故事所言非虚，

如果世上真有金苹果，一定在这里，它们如此美味。"

青刚柳（Osier）——见"柳树"

棕榈树（Palm Tree）——详见第六期"海枣"

海枣树（Phoenix dactylifera）自东方引进，在南欧顺化已久，并且如许多其他棕榈树一样，在澳大利亚大部分殖民区生长繁盛。但是在下面至少一处莎士比亚引文中，它实际上指的是黄花柳（Salix caprea）或者紫杉（Taxus baccata），几百年来这两种树一直在英国的棕榈节中被用于宗教装饰。

◀不要把这只坏**橙子**送给你的朋友。——《无事生非》
第四幕第一场

瞧，这是我在一株**棕榈树**上找到的。

——《皆大欢喜》第三幕第二场

因为两国之间的友谊，必须让它像**棕榈树**一样发荣繁茂。

——《哈姆雷特》第五幕第二场

您就会看见他再在雅典扬眉吐气，
像一棵**棕榈树**般高居要津。

——《雅典的泰门》第五幕第一场

　　林奈将棕榈树称为"植物王国的王子"。它们大多原产自热带地区，论及华丽和优美，在整个植物世界之中，许多棕榈品种都鲜有其匹。在丛林中，它们卓然屹立于各色低矮浓密的蕨类和其他绿色植物之上，光洁挺拔的树身常有一百多英尺之高，羽毛状的阔大叶丛从容舒展，有如冠冕。这样的仪表可见于椰树、海枣树、西米树、槟榔树、油棕以及几十种棕榈科植物之中。此外，一些蒲葵属植物也是棕榈科中美的典范，例如生长于佛罗里达、特立尼达和委内瑞拉的箬棕，以及生长于巴哈马、牙买加和古巴的伞叶棕——它的一片叶子可以为好几个人遮挡倾盆大雨！

　　乔治·尼克森先生说："棕榈树及其产物对于热带地区居民的用处，远远超出温带居民的想象。一些棕榈的树干提供建筑房屋的木材或是打造隔墙的板条，硬枝和外皮可以提供坚固的绳索，用于捆绑木料制作的椅子或其他家居。将其枝干劈开，里面是半中空的，可以制作渡槽。南美的印第安人则用其制作吹箭筒，从中射出毒箭。棕榈叶主要用于修建屋顶或屋墙，以及做扇子、雨伞、器皿乃至帐篷。许多品种的嫩叶富含纤维，用于制作吊床和其他耐用品。几个品种的叶片在东方可代替纸张，还有一些品种的纤维则用于造纸。

"两种美洲棕榈粗糙的木质茎皮常被用来制作扫帚，被称作'棕榈纤维'（Piassaba fibre）。这两种美洲棕榈可产大量树蜡供人采集，用于贩卖或者出口。南美蜡茎棕（Ceroxylon andicola）的树蜡可于全部枝叶上获取，而巴西棕榈（Copernicia cerifera）只在树叶上才有。东方有一种棕榈叫作'麒麟竭'（Calamus Draco），从它的茎和果实中可分泌一种树脂质的红色物质，称为'龙血'，有收敛止血的功效……还有许多例子值得一提，如从椰子上获取椰壳纤维的工序、棕榈果仁的用途，以及象牙棕外胚乳如何用于雕饰等。

"至于为人类提供食物，棕榈也不遑多让。许多棕榈品种中，茎内部的软组织富含淀粉物质，经过加工后就成了著名的'西米'。进口欧洲的西米主要是从西谷椰中获取的。在许多热带地区，多罗树（Borassus flabelliformis）的幼苗以及棕榈顶芽的软组织都可供烹饪和食用。切开许多棕榈树的新嫩组织可以流出一种甜美的汁液，其中包含大量糖分。经过贮藏、树汁发酵，就成了一种人们常喝的饮品——棕榈酒。棕榈科一些品种的果实是重要的食物，其中最知名的当属海枣，它既可生食也可制成果干，是北非民众的主要食物。另外，椰子的外胚乳也被很多热带民族用作重要食材。作为食物，桃棕和某些美洲棕榈的果实则没有那么重要，但即便如此，它们有时也构成了当地居民的食物来源。从很多品种的果实和种子中可以压榨出大量棕榈油……南美本地居民常常将某些品种（埃塔棕、酒实棕和油棕等）的果实榨汁兑水，做成一种风味怡人的饮品。虽然这种饮品也称为'棕榈酒'，但如果按习惯即榨即饮，其中是不含酒精的。不过，如果按照类似其他棕榈果的酿造工序，经发酵后可以产生酒精。"

根据最新的统计，棕榈一族中已有 1215 个不同品种为人所知，但可能还有很多未被发现。澳大利亚只有二十五个本土品种——如果算上发现于新南威尔士豪勋爵岛上的四个肯蒂亚棕榈品种的话。但在其中，十个属之下的二十一个品种（澳洲蒲葵是维多利亚州的唯一代表）为澳大利亚所独有，它们装点着新南威尔士和昆士兰海岸地带的灌木林和河流，直至北领地。南澳大利亚州和维多利亚州一样，只有一个品种即红蒲葵，而西澳大利亚州迄今为止尚未发现棕榈生长。墨尔本植物园里有三十三个棕榈品种，它们露天生长，苗壮耐寒，除了五棵之外，其余都是由笔者于 1873 年至 1874 年所植。更多上佳样本位于蕨沟区附近的一片坡地上，它们的生长与蕨沟的形成大约在同一时期。

三色堇（Pansies）——Viola tricolor（林奈）

别称：爱懒花等

分类：堇菜科

产地：英国

当我在这儿闲望着他们的时候，

我却在无意中感到了**爱懒花**的力量。

——《驯悍记》第一幕第一场

但是我看见那支箭却落下在西方一朵小小的花上，

那花本来是乳白色的，

现在已因爱情的创伤而被染成紫色，

少女们把它称作"**爱懒花**"。

去给我把那花采来。我曾经给你看过它的样子，

它的汁液如果滴在睡着的人的眼皮上，

无论男女，醒来第一眼看见什么生物，

都会发疯似的对它恋爱。

——《仲夏夜之梦》第二幕第一场

大概没有比三色堇和香堇菜（Viola odorata）更加广为人知的英国花卉了。二者之间的界限，目前从植物学角度上还很难说清楚。杂交、异花授粉和栽培令它们的大小和美观程度大增，乃

至当下一些时髦的堇菜变种开出的花朵已经远远大于树林或草地中那些最初的三色堇了。

马斯特斯博士谈到英国原初的堇菜属品种时说道:"我们的本土品种可归为两组:一组是看上去无茎的顶部开花植物,以香堇菜及其变种为代表;另一组是有明显的茎,花朵从交替分枝于茎两侧的叶腋里开出的植物,以犬堇菜和三色堇为代表。"据推测,"三色堇"(Pansy)之名源于法语词 pensées(思想)的讹变。故而奥菲利娅如是说:

"爱人,请你记着吧:

这是表示思想的三色堇。"

——《哈姆雷特》第四幕第五场

斯宾塞将这种花拼写作"Pawnce",弥尔顿将其称作"带着黑亮条纹的三色堇"(Pansy freak'd with jet),德雷顿则吟唱道:

"我要在这儿系一朵漂亮的三色堇,

就像石头上镶嵌着链饰。

旁边摆放她们的友邻,

——紫罗兰。"

福克德在《植物传说与抒情诗》中告诉我们,美国首位植物学家伯特伦正是在一次偶然见到三色堇之后，才投身于植物学研究的。这种花的雄蕊和雌蕊露出之后显得有些怪诞，仿佛野兽长出了人的手臂，向前躬身探头的样子。伯特伦曾是一名农场主，一天他正指挥仆人在田地里劳作时，从脚边摘起了一朵三色堇，他不经意地一片接一片揪下它的花瓣。当见到雄蕊和雌蕊时，他怔住了，接着把它送回了家中，以便更仔细地研究。通过这一次研究，他对植物构造与习性的知识产生了渴求，令他最终声名远扬，并赢得了与林奈的友谊。

August 1900

欧芹（Parsley）——Carum Petroselinum（本瑟姆），

Petroselinum sativum（霍夫曼）

分类：伞形科

产地：地中海地区

药性：镇痛、利尿、排除肠胃胀气

我知道有一个女人，一天下午在园里拔芹菜喂兔子，
就这样莫名其妙地跟人家结了婚了。

——《驯悍记》第四幕第四场

这种著名的花园植物几乎遍植于全世界，在各种气候下繁茂
生长。

欧芹是牧场中宝贵的药草，可以预防或治愈牛、羊和马的几
种肝肾疾病。它也曾是迷信之人眼中备受尊崇之物。古希腊人用
它的带叶小枝装饰坟墓，以及会把它抛撒在逝者的遗体上。

"我将花环挂在你的门前，
花朵凋零，化为碎屑。
抛撒在你优美形体上的欧芹，
此刻告诉我的心，一切都已逝去。"

福克德指出，这些与葬礼的关联给这种香草加上了一层不祥

的寓意，"需要欧芹"是一句旧日习语，表示垂死之际。普鲁塔克讲过一个故事，一支希腊军队向敌人进军时突然遇到一队满载西芹的骡子，顿时引起了恐慌，因为士兵将之视作凶兆。今日的英格兰有一句老话流传于萨里和密德萨斯："谁家的花园种了西芹，年内必有人死亡。"还有另外一些英国迷信与西芹相关。它的籽常常残缺不全，相传是恶魔取走了他的什一之奉。在德文郡的一些地区，这种迷信广为流传，人们相信移栽欧芹是对神灵不敬，他们掌管着欧芹的苗床，必会在一年之内给冒犯者本人或家人施以惩罚。南汉普郡的农民从不会将欧芹赠予别人，因为害怕灾祸降临。在萨福克郡有一种古老的观念，为了确保这种植物"成双"生长，种子必须在耶稣受难日种下。在一些南美国家，黑人认为把欧芹从旧家移栽到新家是不吉利的。

桃子（Peach）——Prunus Persica（斯托克斯），Amygdalus Persica（林奈），Persica vulgaris

分类：蔷薇科

产地：温带亚洲

药性：驱肠虫、镇静

还要记着你有几双丝袜：一双是你现在穿的，还有一双本来

是**桃红色**的。

——《亨利四世》下篇第二幕第二场

　　还有一个舞迷少爷，是让锦绣商店的老板告下来的，

　　前后共欠**桃红色**缎袍四身，这会儿他可成为衣不蔽体的叫花子了。

——《一报还一报》第四幕第三场

　　桃子的原产国尚有争议，一派人断言是波斯，另一派人坚称是中国。不过将桃子带到英格兰的是罗马人，可能是经由波斯引进，引入南欧时它被称作"波斯果"。汤普森告诉我们："德·堪多教授认为中国是桃子的原产国。他的理由是，如果桃子最初生长于波斯或亚美尼亚，那么对一种如此美味的水果的了解和种植应当会更早传播到小亚细亚和希腊。提奥夫拉斯图斯对桃子的了解（公元前 322 年）大概是由于亚历山大的远征，他将桃子称为波斯果。梵语中没有桃子的对应名称，然而，说梵语的人是从西北进入印度的，而桃子却遍布这片土地。假如说波斯是桃子的原产国，又如何解释无论是古希腊人、古希伯来人还是说梵

◀还要记着你有几双丝袜：一双是你现在穿的，还有一双本来是**桃红色**的。——《亨利四世》下篇第二幕第二场

语的人——他们都起源于幼发拉底河上游或来自与其有往来的地区——都没有种植桃树呢？与此相反，很可能的是，那些自古种植于中国的桃树的果核翻山越岭，从中亚进入克什米尔或博卡拉，再进入波斯，因为中国很早便已发现了这条路线。这个引进的过程一定是发生于梵语移民和波斯希腊建立往来之间的时代。在此期间，桃树种植一经建立，很快就会一路向西推进，另一路则从迦步勒向印度北部延伸。为支撑桃树中国起源论，还可以再补充一些证据，例如日本人用汉语称呼桃子（Too）。日本的百科全书中记载，桃子来自西方国度。对日本人而言，'西方'一词适用于中国，或者依据一位中国学者之说，特指与中国东部沿海相对的内陆地区。桃子在公元前5世纪的儒家文献中便有提及，此外，雕刻和瓷器上的桃子图案也进一步佐证了这种水果在中国的悠久历史。"

从植物学上讲，桃子与扁桃的区别仅在于它有一个柔韧的肉质核果。杏和油桃则与桃子更为接近，有可信的记载称，曾经发生过同一条枝上同时长出桃子和油桃的案例。三者的核、花、叶都含有少量氢氰酸，带有一点苦杏仁的味道。

梨（Pear）——Pyrus communis（林奈）

分类：蔷薇科

产地：欧洲、北亚和喜马拉雅山脉

啊，罗密欧，但愿，但愿她真的成了你到口的梨子！
———《罗密欧与朱丽叶》第二幕第一场

他们一定会用俏皮话把我挖苦得像一只干瘪的梨一样丧气。
———《温莎的风流娘儿们》第四幕第五场

梨很可能是由罗马人引进英国的，它在莎士比亚时代已家喻户晓。人们种植梨树不仅是为了它的果实，也是将其作为园林中的装点。最知名的梨种有沃尔登梨，一种用来腌制和炖煮的大个头儿梨；以及波佩林赫梨，一个佛兰德品种，由波佩林赫教区牧师长于亨利八世时期引入英国。

其他可食用梨种有博尔维莱尔梨（Pyrus auricularis），原产自德国和北欧地区；华檀梨（Pyrus Sinensis），一个中国品种，可产出实用的果实，一个最著名的变种是沙梨，华檀梨和西洋梨的变种杂交后可得到很有价值的品种；此外还有产自中欧和南欧的雪梨（Pyrus communis）。

除了深得希腊人和罗马人喜爱，梨在叙利亚人和埃及人之中也大受欢迎。荷马提到，奥德修斯之父拉厄耳忒斯的花园中就种植着梨树。此外，维吉尔、提奥夫拉斯图斯和普林尼都曾提到梨，普林尼说到一种流行的发酵酒便是由梨汁酿成，这大概是最早关于梨子酒（Perry）的记载。自 20 世纪伊始，梨的种植才达到较高的水平，这自然要归功于园艺家们的技术与毅力。

豌豆（Peas）——Pisum sativum（林奈）

分类：豆科

产地：欧洲和北亚

这儿的**豌豆**蚕豆全都是潮湿霉烂的。

——《亨利四世》上篇第二幕第一场

这家伙惯爱拾人牙慧，就像鸽子啄食青豆。

——《爱的徒劳》第五幕第二场

咱宁可吃一把两把干**豌豆**。

——《仲夏夜之梦》第四幕第一场

好，再会吧；到了今年**豌豆**生荚的时候，我跟你算来也认识

▶他们一定会用俏皮话把我挖苦得像一只干瘪的梨一样
丧气。——《温莎的风流娘儿们》第四幕第五场

234

了二十九个年头啦!

——《亨利四世》下篇第二幕第四场

莎士比亚时代最为人所熟知的豌豆种类是野豌豆,主要用作牛饲料,可能很少作为蔬菜被人食用。菜用豌豆来到英国是在16世纪左右,由南欧引入,自此在种植中产生了很大改变。与大多数园圃蔬菜一样,它在维多利亚州和大部分澳大利亚殖民区生长繁茂。观赏性的香豌豆和山黧豆是所有爱花人的最爱。

《植物传说与抒情诗》中告诉我们:"梦到豌豆往往是好兆头。"在萨福克郡有一个传说,如果某年当地闹饥荒,海滨香豌豆(Lathyrus maritimus)就会第一个从岸边的地里长出来。富勒称这种豌豆"在整个英格兰比较少见,但萨福克郡邓莫一带的海岸却长着很多,不是由人类所种植。完全成熟后采集起来,可以平抑市场的高昂粮价,拯救许多揭不开锅的饥饿家庭。"

松树(Pine)——Pinus sylvestris(林奈)

别称: 苏格兰冷杉、苏格兰松、欧洲松节油树等

分类: 松柏科

产地: 欧洲和北亚

药性: 利尿、通便

后来我到了这岛上，听见了你的呼号，才用我的法术

使那株**松树**张开裂口，把你放了出来。

——《暴风雨》第一幕第二场

我使稳固的海岬震动，

连根拔起**松树**和杉柏。

——《暴风雨》第五幕第一场

剩着这一株凌霄独立的**孤松**，

悲怅它的鳞摧甲落。

——《安东尼与克莉奥佩特拉》第五幕第十场

他们的威力可以拔起岭上的**松柏**，

使它向山谷弯腰。

——《辛白林》第四幕第二场

或是叫那山上的**松柏**，

在受到天风吹拂的时候，

不要摇头摆脑，发出谖谖的声音。

——《威尼斯商人》第四幕第一场

这算是把一棵高大的**松树**连枝带叶扳倒了。

———《亨利六世》中篇第二幕第三场

我们雄心勃勃的行为，发生了种种阻碍困难，

正像壅结的树瘿扭曲了**松树**的纹理，

妨害了它的发展。

———《特洛伊罗斯与克瑞西达》第一幕第三场

可是当太阳从地球的下面升起，

把东山上的**松林**照得一片通红。

———《理查二世》第三幕第二场

    莎士比亚时代最广为人知的松树是苏格兰松，松柏科的其他品种——紫杉、刺柏、柏树和另外几种——主要是出于赏玩奇珍的目的而种植。如今装点着英国公园和花园的几十个品种，在当时鲜为植物学家和园艺家所知。

    美洲和日本在 20 世纪为英国品类纷繁的松柏贡献颇多。众所周知，全世界再也找不出一个国家可以像英国一样，在如此有限的土地里令如此多的外国松柏品种繁茂生长。

    据史密斯所言，所谓"苏格兰松"其实分布甚广，从地中海和高加索山脉至北纬 74 度，再到斯堪的纳维亚半岛，向东则横跨西伯利亚直至堪察加半岛。但是他指出，在今天，苏格兰高地

是不列颠诸岛中苏格兰松唯一的原产地。这种树为北欧供应了很大一部分木焦油，以及一些松节油。在适宜的环境中，它可以长到将近一百英尺高，为市场供应多种商用木材，如红松木、挪威松木、里加松木和波罗的海松木。

松柏科在地球上一切有树状植被的地方几乎都能找到代表，印度半岛和中非可能是仅有的例外。松属包含约八十三个品种，几乎只见于欧洲、亚洲和北美，多生长在温带和寒带，而热带地区十分罕见。在北美和北欧的一些地区，没有其他植被的陪衬，仅松树就可以形成令旅行者疲于跋涉的广袤森林，且可以支撑起利润丰厚的建筑木材产业，此外还可以产出松节油。

"今天松柏科植物在地球上的分布是地质渐变的结果，从第一株松柏科植物以早期形态出现之日起，这种渐变就在持续影响着它们。现存的品种被认为是从那些早已灭绝的品种上，经漫长的岁月发展而来的。支持这种观点的证据包括发现于不同地层或地壳岩层中的化石遗迹，它们被证明是由缓慢的水环境渐变或者突然的剧烈灾变形成的。松柏科植被在地球早期历史中可借助矿化的植物质'煤'来证明。植物世界中保留下来最古老的遗迹发现于古生代的下部地层，称作'志留系'，其中只包含少量海藻。泥盆系中则保留了更充足的植物遗迹，首先出现的是陆生植物，包括松柏科植物和少量苏铁植物。地球上的植物生命以不同形式赓续着，但是某一时期的样貌必定与下一时期有着极大程度的同一性和单调性。"——索恩与赖爱尔爵士《地质学原理》

September 1900

240

在石炭纪的煤系地层，植被的繁茂远超今日。已有超过五百个品种被描述出来，"而这可能只是整个植物群的冰山一角，不过它们足以表明当时植物界的状态与今日迥然不同。"赖爱尔爵士写道："构成了地球上真正的原始森林的植被包括巨型石松（封印木、鳞木等）、马尾草、芦木类（Equisetaceae）和松柏科植物，以及林下浓密的蕨类——它们在此时期取得了特别的发展。松柏科分为五个属，其中一些品种的木质结构表明，相比我们常见的欧洲冷杉，它们与松树中的南洋杉一系更为接近。其中有许多——如果不是全部的话——有很大的木髓，与现存的松柏科植物不同。"

在南洋杉已知的七个品种中，两个见于澳大利亚。虽然澳大利亚拥有松柏科不少于十个属的二十八个品种，但是没有发现真正的松树。所谓"墨累松"实际上属于澳柏属。新西兰的松柏科植物比之澳大利亚大陆更为丰富。

近年来，许多植物学家对松柏科进行了重新分类和整理，主要区别在于某些属和种对于科与亚科的归属。但是，佛罗伦萨已故的帕拉托雷教授出版于 1868 年，被视作"已出版的最权威、最科学的分类之一"的作品，如今已被本瑟姆和胡克在他们的《植物属志》第三卷中被新的科学整理方式所取代，其中包含了诸多命名法的改变。这部作品同样是以拉丁文编写。

根据新近出版的《邱园索引》，松柏科之下约有 240 个已知品种，但是有大量变种完全未被提及，它们来自冷杉属、云杉属、雪松属、罗汉松属、柏属、刺柏属等。如果想要获得完整全面的松柏科知识，迄今为止出版的最有用、有益和有趣的作品当属《维奇的松柏手册》（1881 年出版于伦敦），笔者从中深受教益。这本书并没有在植物的细微差异和学术细节方面多着笔墨，而是如前言所说，从栽培和园艺的角度详尽描述了所有品种——每一个品种都如此与众不同，都需要特殊的关注。书中还为各个重要树种附上了引入英国的日期，以及有关它们用途和经济价值的信息。

芍药（Paeony/ Piony/ Peony）——Paeonia corallina（佩金斯）

分类：毛茛科

产地：欧洲和小亚细亚

离开你那生长着**芍药**和百合的堤岸，

多雨的四月奉着你的命令而把它装饰着的，

在那里给清冷的水仙女们备下了洁净的新冠。

——《暴风雨》第四幕第一场

这一艳丽花种的几个变种于莎士比亚时代已有种植，虽然它不大能被视作英国植物。从那时起，许多其他变种开始出现。野生芍药一直生长于塞文河口的斯蒂普霍姆斯岛。芍药是（Paeonia officinalis）欧洲的常见品种，有大朵的单瓣或重瓣的红色或粉红色花朵，如野生芍药一样，是许多优良变种的先祖，通过与中国品种白芍（albiflora）、中国芍（sinensis）和川赤芍（edulis）杂交而得。

古希腊人十分推崇芍药，相信它有着神圣的来历。它被认为是从月中流溢下来，所以花朵会在夜晚发光，驱逐恶灵，并保护种植者的宅院。

罗宾逊在《英国花园》中写道，除了种植于庭院花园，很少有植物比芍药更适合装点野生花园。野生花园中最绚丽夺目的一景，就是初夏时节亭亭立于青草中的一丛深红或鲜红的芍药花。在园林景观中它们也不妨如此安排，令人从某些角度远观。如果这样设计，就不至于让人看得生厌，或者在无花时显得突兀，因为周围还有其他植物陪衬。芍药属中最富丽堂皇的品种莫过于牡丹（Paeonia moutan），约 18 世纪以前，欧洲人首次在中国北方发现了它，当时它在原产国已经有非常成熟的种植方式，并且备受推崇。著名的园艺旅行家罗伯特·福琼许多年前（1844 年）曾造访中国，发现除了广东北部广泛种植的白色和粉色的常见品

▶离开你那生长着**芍药**和百合的堤岸，多雨的四月奉着你的命令而把它装饰着的，在那里给清冷的水仙女们备下了洁净的新冠。——《暴风雨》第四幕第一场

Piuoine

种之外，牡丹还有深紫色、淡紫色和深红色的品种，种植于距上海几英里的一处叫作"牡丹园"的地方。牡丹种植园数量众多，但规模都很小。发育成熟的牡丹树平均高三到五英尺，宽度也与此相当。福琼描述了一株优良的样本，生长于当时一位中国官员位于上海近郊的宅院中，它每年可开出三四百朵花。他说："园子主人像那些狂热的郁金香爱好者一样，尽心竭力地服侍他的牡丹花。花期之时，它由帆布篷子保护，以免受到强光照射。花前设有一把椅子，访客可以坐在上面一览这些美丽花朵的全貌。老人家每天都会花几个小时坐在那里，一盏接一盏地喝着茶，一斗又一斗地抽着烟，陶醉于他心爱的牡丹的笑颜。这无疑是一株华美的植物，配得上这位老花迷的倾慕，我陪他在篷子下面坐了很久，一起享受着眼前的美景。"由于牡丹的美，它一直被人们用心栽培，近年来中国人和日本人对其做出了很大改良，他们称为"花中之王"。

石竹（Pink）——见第三期"康乃馨"（Carnation）

车前草（Plantain）——Plantago major（林奈）

别称：大车前

分类：车前科

药性：改善体质、防腐、利尿

这些轻伤小痛，

还用不着**车前草**来敷。

——《两位贵亲戚》第一幕第二场

你的**车前草**恰好医治——

医治什么？

医治你的跌伤的胫骨。

——《罗密欧与朱丽叶》第一幕第二场

像钢铁一样坚贞，像**车前草**对于月亮一样忠心。

——《特洛伊罗斯与克瑞西达》第三幕第二场

这是一种路边常见的栽种物或野草，其药用价值备受我们祖先的推崇。

古希腊人称为"羊舌草"，亚历山大大帝认为它有魔力，声称其根对于治愈头疼有着神奇的疗效。据《马科耳花草集》记载，将它的根缠在脖子上可以预防瘰疬。狄奥斯科里迪斯断言用三条根的汁水可以治疗间日热，用四条则可治疗三日热。在英格兰，车前草因作为一种敷伤药而享有美誉，乔叟和莎士比亚都注意到了它对伤口的疗效。在亨德森的《北英格兰及边陲各郡民间传说考》中记载了贝里克郡的一种奇异的乡间占卜，就是用车前草的粗毛或穗状花序完成的。两条穗状花序，一条代表少男，另一条代表少女，在开满花朵时摘下，接着去掉所有小花，包裹在一片羊蹄叶中，压在石头下。第二天早上去看，如果穗上再度开花，则表示两人的爱情将会长长久久。从花园植物的角度上看，车前属植物无甚作为，不过有几个品种据说是很好的饲料植物，比如长叶车前（Plantago lanceolata）。但是它也是草坪上有名的害草，如果容它留在草坪上，很快就会抑制其他一切柔弱草类的生长。英国有五个本土品种，还有四个原产于澳大利亚的品种，原产于巴西的则有一个。整个车前科仅包含三个属，约有二百个品种。"车前草"（Plantain）一词也常用来指大蕉（Musa paradisiaca），一个生长于亚热带亚洲、美洲、非洲、大西洋和太平洋岛屿的香蕉品种。

李子（Plum）——Prunus domestica（林奈）

别称：西洋李、西梅

分类：蔷薇科

产地：欧洲和高加索山脉

药性：通便

我要在你的婚礼上跳舞、吃**李子**。

——《温莎的风流娘儿们》第五幕第五场

这个专爱把人讥笑的坏蛋在这儿说着，

老年人长着灰白的胡须，他们的脸上满是皱纹，

他们的眼睛里沾满了**李树胶**一样的眼屎。

——《哈姆雷特》第二幕第二场

哼，恶棍！他是靠着发霉的煮熟**梅子**和干面饽饽过活的。

——《亨利四世》中篇第二幕第四场

葛罗斯特　　呵，你大概十分喜爱**梅子**，才去冒这个险吧。

辛普考克斯　哎呀，好老爷，我老婆想吃**梅子**，

　　　　　　叫我爬树，几乎叫我把命都送了。

——《亨利六世》中篇第二幕第一场

三个回合赌一碟蒸熟的**梅子**。

——《温莎的风流娘儿们》第一幕第一场

乌梅，四磅；再有同样多的葡萄干。

——《冬天的故事》第四幕第三场

李子最早于何时成为栽培水果尚无定论，但可以推知的是，

248

最早的改良品种大概源自西亚，因为这种水果为古波斯人、叙利亚人和埃及人所熟知。西洋李又称"大马士革李"（Damascene Plum），是最早有记载的品种，如其名称所示，它被认为源自叙利亚的大马士革。据普林尼所述，它从那里被引入了希腊，随后被罗马人种植。塔西奥尼教授指出，在西洋李之外，"自加图（生于公元前 232 年）时代起，另外几个李子品种陆续从东方被引进。"

西洋李（Prunus communis domestica）不是英国的本土品种，虽然偶尔能见到野生植株。据一些专家的研究，那些野生李实际上是西洋李的亚种，即"黑刺李"（Prunus spinosa）和"乌荆子李"（Prunus insititia）。这两种水果在欧洲和亚洲都能见到。大约从 15 世纪中叶起，各种各样的李子在英格兰变得常见起来，它们大多是从法国、意大利和欧洲其他地区被引入的。杰拉德用他一贯的风格谈起李子："每一种气候都有其自身的水果，与其他国家迥异。我自己的园中有六十种，都奇异且罕见。而它们在其他国家就普通得多，正如每年端上我们餐桌的水果别人可能闻所未闻。"汤普森也给我们讲述有关李子的有趣知识："李子在意大利叫作'Susine'，源于波斯语'Susa'，意大利的李子正是由波斯引入。但是最古老的拉丁名是'Prunus'，在希腊文中则是

▶我要在你的婚礼上跳舞、吃**李子**。——《温莎的风流娘儿们》第五幕第五场

'Coccymela'。"从这些材料中可以推断，栽培李种很早便存在于西欧，它曾在那里自由地繁衍生息，如今日一样。即便在英国，李树幼苗也时时可见于树篱之中，偶尔能见到一些值得栽培的好苗子。然而在以前，我们最好的品种都是从法国和意大利引进的，而且其中有一个品种并没有培育好，即著名的青李（Green Gage）。在法国，它又被称作"克洛德王后果"（Reine Claude），因为它是由弗朗瓦索一世的王后克洛德引进法国的。将其带到英国的是盖奇（Gage）家族的成员，青李的英文便以之命名。这种优秀的品种偶尔会由其自身的果核自然繁殖。奥尔良李据说是在英法奥尔良战役期间被引入英国的。

李子现有几百个品种，且数量还在不断增长。像很多其他水果一样，它们有着悠久的种植历史，且不断经历改良，故而我们已经难以确知它们最原始的野生形态。制作李子干是欧洲一些地区的重要产业，确切地说是法国和意大利，李子在这两个国家是一种重要商品。有几个品种常用于制果干，最适合的是那些果肉坚实、挂在枝头时间较长的品种。

樱桃李（Prunus cerasifera）是加拿大的本土品种，在澳大利亚的一些地区被广泛用作防风林或树篱植物。此外还有紫叶李，或称"波斯李"，它们虽然在维多利亚州很少产果，却在园林造景方面大有作为，特别适合与浅色灌木或黄叶灌木搭配。根据本瑟姆和胡克的《植物属志》，李属包括约八十个真种。

石榴（Pomegranate）——Punica granatum（林奈）

分类：千屈菜科

产地：欧洲、亚洲和北非

药性：收敛、滋补、冷却

就来，就来，先生。劳尔夫，下面**"石榴"**房间你去照料照料。

——《亨利四世》上篇第二幕第四场

去你的吧，你在意大利因为从**石榴**里

掏了一颗核，也被人家揍过。

——《终成眷属》第二幕第三场

那刺进你惊恐的耳膜中的，

不是云雀，是夜莺的声音，

它每天晚上在那边**石榴树**上歌唱。

——《罗密欧与朱丽叶》第三幕第五场

石榴树生长于所有温暖气候区，是北非和巴勒斯坦的本土植物。它在维多利亚州的生长远好于其他澳大利亚殖民区，可以长成美观而多产的灌木，或者有时长成十五至二十英尺高的小树。它的树叶青翠光洁，花朵分猩红色、白色和黄色，重瓣或单瓣，无论哪种，都是一道靓丽的风景。果实的外皮具有收敛的功效，

药用价值卓著。将石榴在牛奶中煮沸食用是对早期痢疾最安全有效的治疗方法。它们可以通过扦插、压条和播种的方式种植。

石榴与桃金娘科关系很近，曾经被划归于该科。在那些古老的民族中，石榴享有很高的地位，在他们的历史中被频频提及。《圣经》中便有多处写到石榴，它通常与丰饶相联系。以色列子民穿越荒野时，渴求着石榴树上的果实。

摩西将应许之地描绘为一片长满小麦、大麦、葡萄、无花果树和石榴树的土地。所罗门也说到了"一座石榴园，有佳美的果子"。它过去常被用来给酒调味，也有一种酒是用石榴汁酿成的——"也就使你喝石榴汁酿的香酒"（《雅歌》第八章）。

林赛勋爵常常谈到巴勒斯坦的石榴树是"美丽的风景"，说起加利利的迦拿附近那片迷人的石榴林。福克德在《植物传奇与抒情诗》第 501 页中写道："犹太人在宗教礼仪中会用到这种水果。耶路撒冷圣殿石柱的柱头便雕着石榴。亚伦圣衣的下摆绣着蓝、紫和猩红的三色石榴，和金铃铛交替排列。犹太人袍服的缘饰也受到了古代波斯国王的影响，他们一人身兼帝王和祭司两种职能。"在基督教艺术中，石榴常被画成果实裂开、果籽分明可见的样子，它象征着未来，象征着永生的希望。圣凯瑟琳，作为

▶ 去你的吧，你在意大利因为从**石榴**里掏了一颗核，也被人家揍过。——《终成眷属》第二幕第三场

耶稣的神秘新娘，有时被呈现为手捧石榴的样子。圣婴在画中也常常拿着这种水果，展示给圣母玛利亚。波斯人认为石榴有净化的属性，摩尔在引述这种观念时也谈到了"纯洁的石榴那迷人的叶子"。在拜火教仪式中，信徒围绕着圣火，祭司将水倒给他们喝，将石榴叶分给他们在口中咀嚼，以净化他们内心的污秽。

石榴曾是亨利四世的纹章图案，题有"酸中有甜"。或许是它王冠形状的花萼说服了奥地利的安妮也采用了它，题有"我的价值不在我的王冠"。石榴曾是阿拉贡的凯瑟琳的徽章，在一场庆祝她和亨利八世成婚的假面舞会中，他们用一大片玫瑰和石榴象征着英格兰与西班牙的结合。她的女儿玛丽一世也以石榴和红白玫瑰为纹章。帕金森告诉我们，石榴的外皮可以制作书写墨水，"字迹到世界末日也不会消退"。

拉潘如此谈论石榴：

"果实成熟，伴着落花飘零，
每一颗都将王冠戴在头顶。
一千颗籽染着高贵的朱红，
自然之手将它们排列得齐齐整整。"

虽然在寒凉气候中它不算什么可口的水果，但据说在东方它有着一种"奢华的甘甜"，干燥之后，里面的果肉颗粒或者籽可以用在甜品中。

月季石榴（Punica nana），一种矮生石榴，是非常美丽的灌木，小巧紧凑，只能长到三四英尺高，枝叶也成比例地伸展。它开出重瓣的猩红花朵，果实与肉豆蔻大小相仿。在墨尔本植物园中可以看到几株它的样本，以及一些更大的品种。

October 1900

罂粟（Poppy）——Papaver Rhoeas（林奈）

分类：罂粟科

产地：欧洲、东方、北非

药性：麻醉

罂粟、风茄，

或是世上一切使人昏迷的药草，

都不能使你得到昨天晚上

你还安然享受的酣眠。

——《奥赛罗》第三幕第三场

　　此处的罂粟很可能指的是当时从东方传入的品种，那时候，英格兰本土的罂粟只生长在适宜的野地或小麦田。鸦片罂粟（Papaver somniferum）原产自希腊和东方，药性为润肤、止痛、麻醉和镇静。不过，麻醉的功效或多或少见于所有品种。人们常说，在色彩纷繁的英国植物之中，只有两种植物开出猩红色的花朵——罂粟和海绿。在六七月间的英格兰，可以想象的最绚丽的景象，就是一片开满罂粟花的田野。这在乡间几乎处处可见，它们如熊熊的烈焰装点着麦田、铁轨两岸和荒野。

　　拉斯金在《普洛塞庇娜》第 86 页中写道："我们通常认为罂粟是一种粗糙的花，其实它是田野群芳中最玲珑剔透的存在。其他的花几乎全都要依靠质地来着色，而罂粟则是涂色的'玻璃'，阳光穿透花瓣之时尤显出它的晶莹鲜亮。不管在哪里见到,无论是背光还是向光,它都像一块红宝石,像一团火焰,让吹过的风都变暖。"

英国本土有四个真正的罂粟品种,鸦片罂粟则在中部诸郡顺化。田野罂粟与毛茛属开花杂交,诞生了大量美丽的栽培变种。

有许多美观的植物都开所谓的"罂粟花",但实际上并非真正的罂粟。例如海罂粟、山罂粟、加州罂粟和加州树罂粟等,不过它们虽不是罂粟属,却同属于罂粟科。真正的罂粟,包含英国罂粟,共有十五个品种被记录,其中一个产自南非,另一个产自澳大利亚非热带区域,其余则见于温带或亚热带亚洲、北非和欧洲。罂粟中最美观的,也是多年生耐寒植物中最优美的,要数鬼罂粟(Papaver Orientale),它有几个变种。这种花的花瓣约长三英寸,绽开之后的花朵直径常逾五英寸。鬼罂粟通常为橘红色,但有时也呈鲜红色,在每一瓣的底部有亮黑色斑块,花朵中央则是浓密的紫黑色花穗。没有什么能比这些流光溢彩的红花更加夺目,它们让花园仿佛着了一场大火。只要有它们在的地方,就不会寡淡无味。花蕾是优美的球形,表面是浅绿色的茸毛或绳绒线,顶端鲜红的花萼喷薄欲出。

拉潘谈到罂粟作为麻醉剂的功效时曾说:

"神奇的种子,压榨出浆,

即为名药,用途无两。

漫漫长夜它诱你入梦，

或平息顽固的咳嗽，安抚胸口的剧痛。"

马铃薯（Potato）——Solanum tuberosum（林奈）

别称： 土豆

分类： 茄科

产地： 北美和南美

药性： 麻醉

让天上落下马铃薯般大的雨点来吧，

让它配着淫曲儿的调子响起雷来吧，

让糖梅子、春情草像冰雹雪花般落下来吧。

——《温莎的风流娘儿们》第五幕第五场

  马铃薯的原产国和最初引进英国的日期，一直是争论不休的话题，但今天人们普遍接受的是，这种有益的蔬菜最早是由约翰·霍金斯爵士于1565年带到爱尔兰，再由弗朗西斯·德雷克

  ▶罂粟、风茄，或是世上一切使人昏迷的药草，都不能使你得到昨天晚上你还安然享受的酣眠。——《奥赛罗》第三幕第三场

爵士于1585年带到英格兰的。一年之后，沃尔特·雷利爵士在他位于科克附近的庄园里，首次种下了马铃薯块茎。马铃薯刻印在了出版于1597年的《杰拉德草本志》中，被命名为"弗吉尼亚甘薯"（Batata Virginiana）。

毫无疑问，马铃薯是智利、秘鲁的本土植物，还有人认为包括墨西哥。"不管怎么说，"布斯表示，"野生状态下的马铃薯是在秘鲁海岸，以及智利中部和布宜诺斯艾利斯的贫瘠山地上发现的……在詹姆士一世时代，马铃薯十分稀有，乃至一磅要卖到两先令，1619年的文章还提到当时它们是供应给皇室的食品。1633年，马铃薯的价值已变得更加广为人知，也引起了英国皇家学会的重视，为了避免饥荒，他们开始采取措施鼓励马铃薯种植。不过，等到将近一个世纪之后，它们才在英格兰成规模地被种植。1725年，马铃薯被引入苏格兰，栽培大获成功，先是在园圃中，接下来（大约1760年）当它们数量充足之后，则在田地里种植。自那个时期起，在英格兰和苏格兰长期存在的认为马铃薯无用的偏见开始渐渐消散。许多年后，马铃薯已在整个英联邦都被视作对生活基本口粮最重要的补充，其重要性仅次于谷物……作为一种蔬菜，马铃薯怎样烹饪都很美味——无论是焯、煮、蒸、炸还是烤。人们用马铃薯粗磨粉制作甜点和糕饼，马铃薯淀粉也被提取出来，从纯度和营养性方面不逊于竹芋粉。通过蒸馏可以用马铃薯制成一种烈酒，而采用发酵的方法也可以酿出一种高度的马铃薯酒。关于使用马铃薯最独特的一个例子大概要说到帕尔芒捷，他于 17 世纪末在法国大力推广马铃薯种植。他曾在巴黎举办一场大型宴会，出席的有本杰明·富兰克林、拉瓦锡和当时的许多名流。宴会上的每一道菜都包含了不同样式与做法的马铃薯，无一雷同，甚至酒品也都是用这种宝贵的块茎酿成的。遗憾的是，当时的菜单和厨师的食谱都没有保留下来。"

马铃薯是茄科植物，该科植物虽然常含有毒性（马铃薯的果实本身也有毒），但也包括了大量有用的植物，比如番茄、卡宴辣椒、曼陀罗、烟草等。茄属之中有很多观赏性的树木、灌木和攀缘植物，因它们花朵、浆果和枝叶的美观而著称。茄属十分广阔，包含超过九百个品种，主要分布在地球较热的地带，美洲尤多。在澳大利亚，我们有五十一个本土品种，其中有八个生长在维多利亚州。

November 1900

报春花（Primrose）——Primula vulgaris（哈德森）

别称：小种樱草

分类：报春花科

产地：欧洲

药性：催吐

我宁可哭得双目失明，呻吟得疾病缠身，

叹息到面色苍白如同**樱草**一般，

只要能使尊贵的公爵复活过来，我受什么罪都情愿。

——《亨利六世》中篇第三幕第二场

我倒很想放进几个各色各样的人来，

让他们穿过开满**报春花**的道路，

一直到刀山火焰上去。

——《麦克白》第二幕第三场

你不会缺少

像你面庞一样惨白的**樱草花**。

——《辛白林》第四幕第三场

可是，我的好哥哥，你不要像有些坏牧师一样，

指点我上天去的险峻的荆棘之途，

自己却在**樱草丛**里流连忘返，忘记了自己的箴言。

——《哈姆雷特》第一幕第三场

报春花是一种春日之花，归属于一个庞大的科，该科之下包含报春花、樱草、黄花九轮草和西洋獐耳。虽然这些花总是在英格兰被看作野花，但它们也常常种植于花园中，在每年春天令花坛充盈着优美繁茂的枝叶和花朵。

报春花属包含八十个不同品种，大多是多年生高山越冬植物，主要原生于欧洲和温带亚洲，有少数见于美洲，还有一两种发现于爪哇的山地。普通报春花有几十个花园变种，通常为单瓣，但也有许多能开出不同色度的深红色、淡紫色、黄色和其他颜色的重瓣花朵。此外还有一个白色重瓣品种。

多花报春（Primula polyanthus）源自欧洲报春（Primula vulgaris）。通过杂交，几百种艳丽的品种被培育出来，一些变种很接近黄花九轮草，另外一些则与真报春花特征相近。这种老派却美丽的花中有一些色彩颇为浓艳，酷似深红色、紫褐色和黄色的丝绒玫瑰。当它们一丛丛排列于林荫道两侧，或是在那些潮湿的地方被用作篱墙时，美得令人目不暇接。

几个品种和变种的蓝色报春花广为人知，一种被称作"小垂花报春"（Primula sapphirina），发现于喜马拉雅山脉的南侧——锡金，海拔 1400 英尺高处。另一种被称作"头序报春"（Primula capitata），深蓝紫色，有着浓密的圆形头状花序，茎约九英寸高，同样原生于喜马拉雅山脉。此外还有一系列杂交品种，呈不同色度的浅蓝和深蓝，被认为是由高山植物"靛蓝波缘报春"（Primula marginata caerulea）培育而来，这是一个非常迷人的品种，最近刚刚被纳入墨尔本植物园。

耳状报春（Primula auricula）是另一种备受喜爱的花，已被培育出许多美丽而有趣的变种。在瑞士阿尔卑斯山，野生状态下，普通的黄花品种生长得最为繁茂，它们与蓝得热烈的无茎龙胆（Gentiana acaulis）同时绽放，总能赢得旅者的注目和赞赏。

中国报春（Primula sinensis）和日本报春（Primula Japonica）有数不尽的变种，花朵的形态和色彩纷繁多变——后者是已知最美观和生长最茁壮的报春品种之一。这两个品种都适宜栽种于假山庭院的潮湿背阴处，在深厚肥沃的土壤中。

南瓜（Pumpion/ Pumpkin）等——另见第八期"葫芦"（Gourd）

分类：葫芦科

好，让我们教训教训这个肮脏的脓包，

这个满肚子臭水的胖**葫芦**。

——《温莎的风流娘儿们》第三幕第三场

在莎士比亚时代，Pumpion，Pompion 和 Pumpkin 这几个词语在使用时并无区别，表示瓜类、葫芦、黄瓜和西葫芦，引文中明显指的是葫芦。这一大类的植物在澳大利亚殖民区生长繁茂，作为一种食物备受重视。

"说到品种多样，形态纷繁，其他科的植物都无法与瓜类、黄瓜和西葫芦所属的葫芦科相媲美。从倒挂在梗上四五英尺长的蜿蜒蜷曲的蛇瓜，到浑圆硕大的巨型南瓜或葫芦，它们的颜色、形状和大小千变万化，令人惊叹。有一些漂亮的小葫芦，成熟时重不足半盎司；然而还有一些品种的果实大到可以供人盛水擦澡。鸡蛋、瓶子、醋栗、棍棒、盒子、折叠伞、球、花瓶、瓮、小气球——所有这些东西都能在葫芦科里找到与它们外形相似的品种。"——罗宾逊

纳撒尼尔·霍桑说："我园中的一百个葫芦，至少在我眼中，全都值得用大理石仿造出来。如果上苍能给我用不完的金子（我知道这不可能），我会用一部分打造餐具——或者用最精美的瓷器来打造，做成我亲手种在园中藤架上的葫芦的形状。用它们来盛蔬菜恰到好处。每当凝视着它们，我就觉得我创造了一些值得为之而活的东西。新的生活的意义诞生在了我的世界里。它们都是真实可触的存在，心灵可以握住它们，并为之欣喜。"葫芦科包括几十个品种，大多数都原产自炎热地带。它们大量生长于印度和南美，小部分产自北欧和北美，某些品种见于非洲，还有几种属于澳大利亚。

榅桲（Quince）——Pyrus Cydonia（林奈），Cydonia vulgaris（佩尔苏）

分类：蔷薇科

产地：地中海地区和高加索山脉

药性：收敛、镇痛、滋补

点心房里在喊着要枣子和**榅桲**呢。

——《罗密欧与朱丽叶》第四幕第四场

在古代，榅桲作为爱情的象征而享有美誉。它曾经在英文中的名字是 Coynes，据说源自克里特岛的一座古老城市基多尼亚（Cydonia），那里正是榅桲的原产地。榅桲在澳大利亚长势极佳，常被用来制作果酱或者用煨炖等方式烹饪。英格兰的榅桲外皮粗糙多毛，果肉苦涩难吃。在南欧它是一种非常受欢迎的水果，以多种方式为人所食用。

葡萄牙榅桲被认为是温和气候下最好的品种。它能结出最大的果实，而且口味比那些苹果形或梨形的品种更加柔和。英语中的"酸果酱"（marmalade）一词便来自葡萄牙语中的"榅桲"（marmelo）。这种水果还很适合代替苹果被用来制作果酒或葡萄酒。

一些专家声称榅桲是从希腊传入意大利的，但是汤普森认为这只是针对一个特定品种而言，并援引普林尼在他第十五本书中的论述:"这种水果在意大利有许多品种,一些野生于树篱中,还有一些个头儿大得压弯了枝条。"普林尼对这种水果的药用价值评价颇高,他说:"榅桲如果在成熟后食用,对咯血者或者大出血者有益。它的生果汁则是治疗脾肿大、水肿或者呼吸困难的最佳药物。"他进一步补充道:"它的花,无论是鲜花瓣还是干花瓣,都有助于治疗眼睛发炎。把它的几片根贴在脖子上,对淋巴结核有神奇的疗效!"培根勋爵似乎也对这种水果青睐有加,他说:"它是健胃的佳品。"

特纳在《英国医生》中写道:"生榅桲的汁可以解剧毒。"

根据《霍特斯植物园索引》中的记载,榅桲树是在1573年被引入英国的。但是当时还在世的杰拉德说,在他的时代,这种植物通常种植于树篱和栅栏,而非园圃之中,据此可以推断榅桲树远在上述日期之前就已经是常见植物了。汤普森参考了约瑟夫·班克斯爵士和马夏尔在《伦敦园艺学会会刊》中的文章,写道:"罗马人有三个品种的榅桲,其中一种黄色的叫作'金榅桲'(Chrysomela),像我们制作榅桲酱一样,他们加蜂蜜炖煮。"他接着写道,"据当代最好的植物学家们所言,这个品种野生于意大利、法国南部、西班牙、西西里、撒丁岛、阿尔及利亚、君士坦丁堡、克里米亚以及高加索山脉南部的山地和森林,它还大量生长于多瑙河两岸。此外,据洛克斯堡和罗伊尔博士的记载,它也见于克什米尔,乃至印度北部。德·堪多认为它的原产地有可能远达兴都库什山脉,但是它并未在中国北部种植。在明戈瑞利亚公国的内陆地区依米利塔（Imiretta），据说发现了一个品种，果实像儿童的头一样大。"根据以上资料可知，榅桲的原产地跨越了欧亚的广大地区，而且同样还见于北非。菲利普斯在《英国水果的历史学与植物学》中写道："博学的哥洛庇乌士坚称，赫斯帕里得斯的金苹果就是榅桲，而非一些研究者所声称的橙子。为支撑他的观点，他告诉我们，榅桲是一种古人十分尊崇的水果，而且在罗马发现了一尊赫拉克勒斯的雕塑，他的一只手中握着三只榅桲。他说'这与赫拉克勒斯从赫斯帕里得斯的果园中偷走金苹果的传说相吻合'。格莱西欧关于橙子的论文中也表明，橙树不为古希腊人所知，也没有自然生长于他们所描述的赫斯帕里得斯的苹果园的位置。"

日本榅桲，一个开花品种，无疑是人们种植的最美丽的落叶灌木之一。它有许多变种，包括纯白色和粉红色的，但鲜红色的最为绚丽夺目，无论是生长在灌木丛里，攀缘于墙壁上，还是种植在树篱中。

▶点心房里在喊着要枣子和**榅桲**呢。——《罗密欧与朱丽叶》第四幕第四场

萝卜（Radish）——Raphanus sativus（林奈）

分类: 十字花科

产地: 欧洲和温带亚洲

可是我要不曾一个人抵挡了他们五十个，我就是一捆萝卜。

——《亨利四世》上篇第二幕第四场

要是脱光了衣服，他简直是一根有丫杈的萝卜。

——《亨利四世》下篇第三幕第二场

这种可口的沙拉蔬菜并非英国原产，而可能是由罗马人引进的，今天我们也不清楚，罗马人为何恰好用拉丁语中的"根"这个词代表萝卜。

在法老的时代，萝卜被广泛种植于埃及，并逐渐传入欧洲。杰拉德提到，1597 年的英格兰已有四个品种的萝卜为人所知。黑萝卜通常重达几磅，据说它的块根含有丰富的淀粉，不过气味比较辛辣。在法国，萝卜是一种广受欢迎的蔬菜。一位美国旅者曾言："我有半生都与萝卜无缘，实为平生憾事。我先前一直以为它们又硬又辣，难以消化，只会助长胃病。许多年前参加法国世博会时，我才知道我错了。我注意到萝卜不仅出现于正餐中，而且也是早餐的食物，他们吃得很多，看起来也很享受。我当时觉得那些法国人一定都有鸵鸟一样的胃，才能在大清早吃下那么多萝卜。有一段时间我一点儿萝卜都不沾，但是过了几天，我鼓起勇气，小心翼翼地取了一块，出乎意料的是，它们并没有又辣又硬，而是又嫩又脆，清新爽口。一两周后，我吃得已经不比任何人少了，或许是为了弥补丢失的岁月。不管怎样，我的余生一定要有萝卜相伴。"

所谓的"马萝卜"，也即"辣根"，虽与萝卜同为一科，但归于另一个不同的属——辣根属。

大黄（Rhubarb）——Rheum Rhaponticum（林奈）

别称：英国大黄、西伯利亚大黄、美国"馅饼草"等

分类：蓼科

产地：西伯利亚

药性：收敛、催泻、提神

莎士比亚作品中只有一处提及大黄。

*什么**大黄**番泻叶，什么清泻的药剂，*

可以把这些英格兰人排泄掉？

——《麦克白》第五幕第三场

不同品种大黄——特别是食用大黄（Rheum Rhaponticum）

及其诸多变种——的叶柄，常作为馅饼等食物中的原料，此类用途尽人皆知，无须赘述。药商所卖的大黄是这种植物根部所磨成的干粉。大黄药材几乎可由所有品种提供，数目约有十八种，但是波叶大黄（Rheum undulatum）——它曾被认为是正宗的中国大黄，掌叶大黄（Rheum palmatum）和藏边大黄（Rheum emodi）这三种被视作最佳品种。据罗伊尔记载，藏边大黄繁茂生长于库尔山海拔 9000 英尺高的地方，他还写道："鞑靼山高达 16000 英尺的台地上遍布着大黄。"

约瑟夫·胡克爵士这样形容一个发现于锡金的品种，它有着十分独特而艳丽的外表："单株塔黄（Rheum nobile）高逾一码，外形如一座锥形塔，由最柔和的麦秆色的、有光泽的半透明叠瓦状苞片构成，靠上的苞片有粉色边缘。阔大、鲜亮而有光泽的绿色根生叶伴有红色的叶柄和叶脉，为整株植物形成了一个宽广的底座。掀起苞片，可以看到美丽的膜质粉红色托叶，仿佛红色的薄绵纸。再往内部，则是一些不起眼的绿色小花的短枝圆锥花序。塔黄的根很长，往往达到数英尺，缠绕在岩石之上，每一根都有手臂一般粗，内部呈浅黄色……据说当地人喜欢吃它酸溜溜的茎，称之为'丘卡'（Chuka）。"任何品种的大黄都应该在野生花园、湖边或者灌木丛中占有一席之地，因为它们是枝叶优美的耐寒植物，而且跟那些枝叶如此醒目的植物混杂在一起也显得十分和谐，例如阔叶虾膜花、根乃拉草、蜂斗菜（或款冬）等。布斯告诉我们，在伊丽莎白女王时代，大黄叶作为一种调味

November 1900   2 / .

香草，被认为比菠菜或甜菜更佳。对其嫩叶柄的使用则相对更加晚近，尽管如今它们在春天和初夏如此常见，但是直到19世纪初才被用于做馅饼，并且在其他各类烹饪中也大派用场。它的汁液据说包含草酸以及大量的硝酸和苹果酸，正是这些令它的叶柄在烹饪中有了宜人的滋味，但是不适合消化不良的人群。酸模属（其中四个品种常见于澳大利亚）与大黄属很相近，此外还有常见于昆士兰和新南威尔士沼泽地带的蓼属植物。蓼科，或者毋宁说蓼目之中最壮观的植物是生长于巴西南部寒冷地带的长萼大叶草（Gunnera manicata）。它仿佛一株巨型大黄，叶子的周长通常在十八英尺左右，粗壮的叶柄竖立起来，高达四到六英尺。还有一个品种叫作剑形大叶草（Gunnera scabra），又称"智利大叶草"，可以在墨尔本植物园中见到，但是样株尚小。达尔文在《一个自然科学家在贝格尔舰上的环球旅行记》中说，他曾见到剑形大叶草生长于汤奇岛的砂岩峭壁上，叶子的直径接近八英尺，叶柄高逾一码，每一株都伸展着四到五片这样的巨叶。达尔文继而写道，岛上的居民食用它们稍带酸味的叶柄，并且用它们的根鞣革和制作黑色染料。

December 1900

水稻（Rice）——Oryza sativa（林奈）

分类：禾本科

产地：亚洲、非洲等地

让我看，我要给我们庆祝剪羊毛的欢宴买些什么东西呢？

三磅糖、五磅醋栗、米——我这位妹子要米做什么呢？

——《冬天的故事》第四幕第二场

显然，引文中的"米"指的是进口的大米，它主要生长于热带或温暖的地区，需要一定的温度与湿度。

水稻谷物并非普遍所认为的那样仅为亚洲稻（Oryza sativa），所产，也并不总是生长于水中。稻属中至少有十二个真正的水稻品种，像其他谷类禾本植物一样（如小麦、大麦、黑麦、燕麦等），水稻在栽培当中产生了很多改良品种。仅在印度就种植着四十种"亚洲稻"，此外，还有"早熟稻"（Oryza praecox），它们四个月就能成熟于湿度适中的或者水略微浸没的土壤中。越冬的"高山稻"（Oryza montana）可以种在相对干燥的土地，而且会因为水的浸没而死。糯米（Oryza glutinosa）则无论是在多水还是近乎干燥的地带都长势良好。然而，从常规而言，水稻最适宜在被水浸没的环境下生长，但是牙买加植物部近期的公报指出，除非在种子发芽有此需要的地方，否则在水稻长到六至八英寸高之前，都不实施浸没。如果降雨充沛，足以保持土壤湿润，那么最好延迟浸水，直到水稻达到八英寸，因为在水稻还幼小时浸水有相当大的危险。从第一次浸水开始，水深就应该一直保持，直到收割时才停止给水，浸水深度取决于各方面条件。如果生长中的作物完全遮住了土地，只需充分给水令土壤饱和即可。不过，为保险起见，水深应该达到三至六英寸。此外，为防止混浊，水应该通过持续的流入和流出来更新。为免水稻扎根尚浅，供水应该更深一些。一道贯穿稻田的水流有助于保持水体清凉，并防止有害植物在停滞的浊水中生长。在整片稻田中，水深应保持统一，不等的水深会导致作物的成熟时间不同。在中国、日本、印度、菲律宾、暹罗、埃及、意大利、西班牙和美国，水稻大多以上述方式种植。据说经验证，路易斯安纳和得克萨斯州大草原上肥沃的漂积土非常适合种植水稻，因为这种土壤下层衬有黏土，有很强的保水性。摩尔博士告诉我们，在今天水稻已成为重要出口物的美国南部各州，其水稻种植的开展却不早于1700年，据说还是出于偶然。《趣闻丛书》中记载，一艘从马达加斯加岛驶来的双桅帆船"意外停靠在卡罗莱纳，船上还剩下一点稻种，船长将其送给了一位名叫伍德沃德的绅士。伍德沃德用其中一部分种出了非常好的作物，但是有许多年都不知道如何将其清除。水稻迅速在整个州散布开来，经过频繁的试验和观察，人们找到了生产和加工水稻的最佳方法，以至于它的价值被认为超越了其他任何作物"。在昆士兰和北领地发现了野生的普通亚洲稻，根据几位专家的判断，它们原生于此，但也不完全排除被引入的可能

282

性——或许在一个世纪以前，某些停靠于附近海湾的荷兰或中国船只带来了稻种，并在某些适宜其生长的地方广为播撒。

在《植物传说与抒情诗》第 513 页中写道："大米在印度的婚礼上扮演着重要角色。在圣坛前，新娘的好友们三次走向新娘，将大米放在她手中。同时他们还把大米撒在新郎的头顶。在婚礼的最后一天，新娘和新郎一同向酒神苏摩献祭，将浸润了黄油的大米抛到火堆中。主持婚礼仪式的婆罗门祭司在念诵完一系列经文后，将一把混着大米粉的藏红花抛撒在新人的肩膀上，祝福二人神圣的结合。在中国的春节期间，道士们端着盛满大米和盐的篮子，绕着火盆行走，不时抓起一把投入火盆中，以激起烈焰，祈祷丰收。"

玫瑰（Roses）

分类：蔷薇科

假如有真诚赋予甜美装潢，
美就一定会更加美色无双！
漂亮玫瑰会使人觉得更美，
是因它那甜美的活色生香。
野蔷薇花枝招展却无香味，
只凭色相与馥郁玫瑰争辉，

当夏风撩开它们隐蔽花蕾，

它们绽放枝头呈千娇百媚。

但它们的德行却只在外表，

无人美其色，无人叹其凋，

悄然自殒；而**玫瑰**堪称强，

红颜虽薄命，骨炼成余香。

可爱美貌少年郎，你也一样，

色去香空纯精在，在我诗行。

——《莎士比亚十四行诗》第五十四首

我就说她看上去

像浴着朝露的**玫瑰**一样清丽。

——《驯悍记》第二幕第一场

那嘴唇就像枝头的四瓣**红玫瑰**，

娇滴滴地在夏季的馥郁中亲吻。

——《理查三世》第四幕第三场

啊，五月的**玫瑰**！

亲爱的女郎，好妹妹，奥菲利娅！

——《哈姆雷特》第四幕第五场

你的嘴唇和颊上的**玫瑰**

都会变成白灰。

——《罗密欧与朱丽叶》第四幕第一场

几段包扎的麻绳，还有几块陈年的**干玫瑰花**，

作为聊胜于无的点缀。

——《罗密欧与朱丽叶》第五幕第一场

百合花和半开的**玫瑰**，

是造化给你的礼物。

——《约翰王》第三幕第一场

把理查，那芬芳可爱的**玫瑰**拔了下来，

却扶植起波林勃洛克，这一棵刺人的荆棘？

——《亨利四世》上篇第一幕第三场

我就要高举乳白色的**玫瑰**，

使那空气里充满它的芬芳。

——《亨利六世》中篇第一幕第一场

怎么啦，我的爱人！为什么你的脸颊这样惨白？

你脸上的**玫瑰**怎么会凋谢得这样快？

> ——《仲夏夜之梦》第一幕第一场

为什么要让盛夏夸耀它的荣光？

为什么要我喜爱流产的婴儿？

我不愿冰雪遮掩了五月的花天锦地，

也不希望**玫瑰花**在圣诞节含娇弄媚。

> ——《爱的徒劳》第一幕第一场

我们叫作**玫瑰**的这一种花，

要是换了个名字，它的香味还是同样的芬芳。

> ——《罗密欧与朱丽叶》第二幕第二场

我摘下了**玫瑰**，

就不能再给它已失的生机，

只好让它枯萎凋谢。

> ——《奥赛罗》第五幕第二场

玫瑰玫瑰，刺儿掐光，

不仅气息芬芳，

而且色彩鲜艳。

> ——《两位贵亲戚》第一幕第一场

庞大而重要的玫瑰科因玫瑰属而命名，该属分布于北半球整个温带和亚高山带区域，在美洲略少，向南延伸至阿比西尼亚、东印度半岛和墨西哥。

自上古时代起，玫瑰就是群芳之中种植得最为狂热的一种。它被宗教文献提及，也在《伊利亚特》和《奥德赛》中露面。它激发着诗人们的诗笔，在每一个时代，而且或许可以说，每一个国家，无论是古典文学还是现代文学，都对它的优雅与美丽充满敬意：

> "古老的荷马赞美它的优雅，
>
> 卡图卢斯夸耀它的魅力，
>
> 贺拉斯颂扬它富丽的面容。
>
> 以热情洋溢的意大利文，
>
> 塔索和梅塔斯塔西奥将它歌唱。
>
> 在遥远东方的林间，
>
> 波斯诗人哈菲兹为之轻吟。"

两千年已经过去，玫瑰仍然高居于它的王座之上，统领群芳。它在每一个人心中唤起的联想令它成为所有人的挚爱。在古罗马人中，玫瑰以一种今日闻所未闻的方式被挥霍。克里奥佩特拉来到西里西亚见安东尼时，她令厅堂的地板上撒满十八英寸厚的玫瑰花瓣。在尼禄举办的一次庆典上，仅玫瑰的花销就达到了四百万塞斯特斯，相当于大约25000英镑。玫瑰被用于编织花冠，装饰诗人和演说者的额头。希腊人和罗马人用它们编织花环，装扮维纳斯、赫柏和芙罗拉的雕像。它们在婚礼上扮演着重要角色，常常撒在教堂的走道上。同样，坟墓上也覆盖着它们。许多希腊人和罗马富人留出巨额遗产，专门用于购买他们葬礼上装饰用的玫瑰——既有盆栽也有切花。

生物学家们描述了二百五十余种野生玫瑰品种，而由园艺家栽培的杂交品种则可能数以千计，每年还会增添新品种。花商试图通过溯源为品种分类，取得了不小的成果，但是杂交的过程本身，以及变种之纷繁，令很多品种不可能做到精确溯源。

近些年最流行的品种是杂交常春月季、茶香月季和杂交茶香月季。

有许多古老而明确的类群或品种，它们也同样美丽和实用，值得在大大小小的花园中占有一席之地。受惠于这些老式品种，杂交常春月季和杂交茶香月季才得以达到如此完熟的状态，并在今天得以广泛种植于几乎任何地方。不过大多数人长久以来最爱的要数包心玫瑰（普罗旺斯玫瑰）、大马士革玫瑰、中国玫瑰（月季）、波旁玫瑰、麝香玫瑰、苔藓玫瑰，以及单瓣的英格兰、苏格兰和奥地利野蔷薇。

以玫瑰丛为主的玫瑰园应该如何布置，英国著名的玫瑰种植专家保罗简要谈道：

"园子应该由几片大小适中的花坛组成，边缘要有优美的曲线，不要有尖端或棱角，因为玫瑰很难与这些棱角相协调。花坛内部要留出充足的空间，单株单株地种植一些整齐低矮的常绿植物，为花坛提供玫瑰所缺少的绿叶。花坛之间的过道或空隙应该以草地为主，作为花朵的最佳映衬，只在各处零散地铺上石子路，以便在雨天走近花朵。玫瑰所植的土地不要有大树的树冠笼罩，或邻近其树根要深挖畦沟，并在种植前施以精心调配的肥料。"

说到玫瑰的长势之佳、开花之多、花期之久，可能没有一个国家能胜过澳大利亚。一些最优秀的种植玫瑰的专家表示，适宜的土壤是"结实、保水力强的泥质壤土，在坚韧方面趋近于黏土"。尽管如此，已经证明的是，各个品类的优质玫瑰都可以种植于维多利亚州更为轻质的土壤中。当然，毫无疑问，黏土质的底土对多数品种的生长十分有利，表层土则应该肥沃深厚。

据记载，旧式的茶香月季大约是在 1809 年从中国被引进的。几年后，一种黄色的茶香月季被发现，随后其他颜色的品种也很快被引入。于是，一个自由绽放最柔美迷人色彩的，华丽的玫瑰种群被建立了起来。英国最具声望的玫瑰专家保罗先生告诉我们，茶香月季和黄色茶香月季最早的结合产生了著名的"德文郡玫瑰"（Devoniensis）。他还指出，所谓"杂交茶香月季"这一类别之中最早的产物是 1867 年问世的美丽的法兰西月季（La France）。自那时起，已有几百个品种在英国、法国和美洲被培育出来。杂交茶香月季，像茶香月季和杂交常春月季一样，特征和体格不一，有些生长苗壮，有些则要娇弱一些。但总体而言，这是一个既能越冬又能耐夏日酷暑、习性强健、花朵繁盛的品种。实际上，只要有肥沃的土壤和适当的遮蔽，在澳大利亚的许多地区，大部分杂交茶香月季都可以全年开花。因此必须承认，"常春月季"这个名称比起它目前对应的品种，其实更适合杂交茶香月季——常春月季通常只在和煦或温和的天气时才能盛开。

1820 年左右，诺伊赛特玫瑰（Noisette）诞生于美洲，第一株由一位法国园艺学家菲利普·诺伊赛特所培育，通过将麝香玫瑰（Rosa moschata）或其变种与中国月季的一支——印度月季（Rosa indica）杂交而得。麝香玫瑰在英格兰至少有三百年的历史，它是一种藤本植物，原产于南欧和印度。在诺伊赛特玫瑰这一类中，"金缕衣""赛琳弗莱斯蒂""拉马克""爱梅维贝尔""理查德森""索勒法戴尔"都堪称典范。它的花朵成簇悬垂生长。茶香月季和诺伊赛特玫瑰彼此十分相近（比如"尼尔元帅"被一部分人称为茶香月季，另一部分人称作诺伊赛特玫瑰），大多数情况下，似乎只有专家才能分清两者。"波旁月季"将近一个世纪以前诞生于波旁岛上的一个花圃，它部分源于印度月季的一个变种，其下包含了许多生长苗壮、几乎四季常开的花种，"马美逊的回忆"（Souvenir de la Malmaison）是其中最古老的一种——不过不是最苗壮的。作为一种标准玫瑰，波旁月季有着十分艳丽的头状花序。玫瑰花匠们坚称，波旁月季很容易通过它的椭圆厚叶和僵硬的幼芽来辨认。即使如此，波旁月季，或如现在所称"波旁常春月季"，比当下流行的所谓"杂交常春月季"早出现很多年。"路易·马戈廷""维多利亚女王"和"保罗夫人"都是波旁月季中的典型。它们通常色彩鲜艳，为玫瑰树立了标杆。

可以说，杂交常春月季是从许多品种和类别演变而来，最主要的有波旁玫瑰、中国月季、杂交中国月季、大马士革玫瑰和法国蔷薇。

茶香月季的色彩变化较少，主要以精练的着色和柔和的色度著称，而杂交常春月季则有着令人目眩神迷的艳丽色彩，从鲜亮的朱红色或胭脂色到柔和的褐红色或深红色，从多种色度的樱红色和深粉色到清丽的桃红色和白色，而偏黄的颜色则比较罕见。它们花香馥郁，生命力强，不过持续的高温会迅速令花朵凋谢，它们更喜欢几日温暖继而几日凉爽的天气。不过杂交常春月季中有许多可在秋天频频开花，例如莱恩先生、马戈廷之光、查尔斯·列斐伏尔、克里斯蒂上校、克莱奥、安德里博士、波奈尔夫人、阿尔封斯·拉瓦累、斯宾塞、海伍德、维纳斯，以及其他绚丽多姿的品种。

▶我知道一处百里香盛开的水滩，长满着樱草和盈盈的紫罗兰，馥郁的忍冬花，芬泽的**野蔷薇**，漫天张起了一幅芬芳的锦帷。——《仲夏夜之梦》第二幕第一场

福斯特·梅利尔牧师在《玫瑰之书》中谈到玫瑰的分类，翔实地写道："在植物学中，玫瑰花真正的'种'数量众多，就连我们树篱中的野生犬蔷薇都被分为许多亚种，从育苗床野蔷薇生长前期叶片和习性的多样性就可以看出来。在栽培品种中，或许九成的玫瑰爱好者只想了解以常见方式划分的两大类，即杂交常春月季（包括杂交茶香月季和波旁常春月季），以及茶香月季和诺伊赛特玫瑰（或许还包括一些藤本品种）。相对来说，没有多少人对奥地利石南玫瑰、波旁玫瑰、多花蔷薇、苔藓玫瑰和普罗旺斯玫瑰感兴趣。当然，还是有少数人愿意全面了解保罗先生在其系统性的著作中详尽列举的那四十一个种群。如今种群之间的杂交已蔚然成风，显然，许多新的分类很可能涌现出来，旧的界限将会被打破。除了真正的藤本品种和各类植物学变种，在玫瑰花展上，对新手或者普通游客而言，玫瑰通常分为杂交常春系列和茶香系列。随着这两大类的巩固和扩容——而非再分，在我看来，杂交造成的混淆会越来越少。"

莎士比亚不下一百次写到玫瑰。他提到了红玫瑰、白玫瑰、麝香玫瑰、普罗旺斯玫瑰、大马士革玫瑰、杂色玫瑰和犬蔷薇。其中约有三十处是代表约克和兰卡斯特两大家族的白玫瑰和红玫

▶那嘴唇就像枝头的四瓣**红玫瑰**。——《理查三世》第四幕第三场

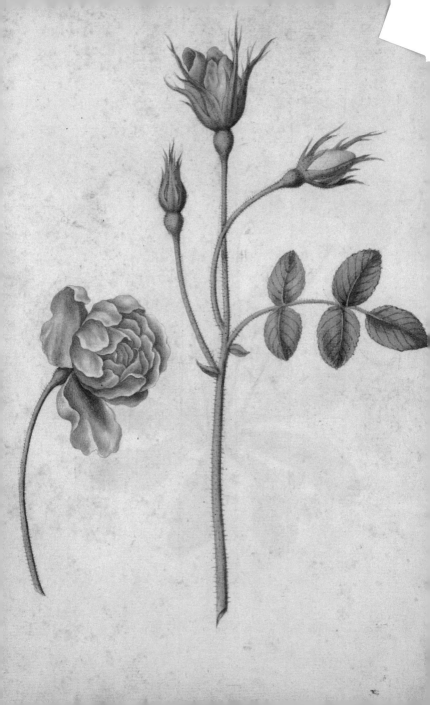

瑰，以及普兰塔琪纳特（金雀花）与萨穆塞特在圣殿花园中的争端——这引发了以两大家族徽章命名的"红白玫瑰战争"。

普兰塔琪纳特

　　谁要是一个出身高贵的上等人，

　　愿意维持他门第的尊严，

　　如果他认为我的主张是合乎真理的，

　　就请他从这花丛里替我摘下一朵白色的**玫瑰花**。

萨穆塞特

　　谁要不是一个懦夫，不是一个阿谀奉承的人，

　　而是敢于坚持真理的，

　　就请他替我摘下一朵红色的**玫瑰花**。

华列克说道

　　我说一句预言在这里：

　　今天在这议会花园里

　　由争论而分裂成为**红、白玫瑰**的两派，

　　不久将会使成千的人丢掉性命。

　　　　　　　　　　　　　——《亨利六世》上篇第二幕第四场

红玫瑰和普罗旺斯玫瑰是同一品种，即百叶蔷薇（Rosa

centifolia）或称包心玫瑰。约克的白玫瑰可能指的是种植于莎士比亚时代花园中的白蔷薇（Rosa alba），或者如某些人的推测，是英国野生白蔷薇（Rosa arvensis/Rosa repens），它们生长于田野和树篱中，并有一个重瓣变种种植于那个年代。

杰拉德在 1597 年说道：

"玫瑰是当之无愧的花中之冠，不仅因为它的美丽、贞洁和芬芳，还因为它是我们英格兰王权的象征。"

January 1901

玫瑰花是花中女王，它的香气则被推选为香中女王。玫瑰最古老的栽培品种是百叶蔷薇（普罗旺斯玫瑰）和大马士革玫瑰，如今这两个品种用于生产玫瑰水和香精油的种植为人们提供了数以千计的就业岗位。在法国南部，特别是格拉斯、戛纳和尼斯，普罗旺斯玫瑰就是为了该用途而种的，而在保加利亚，它和大马士革玫瑰并用。波斯种植各类麝香玫瑰（Rosa moschata），但是从中提取的精油质量不如上述两种——那两种，特别是普罗旺斯玫瑰可产出最上乘的玫瑰水。据《印度百科全书》记载："产于克什米尔的玫瑰油被视作同类中的翘楚。这不足为奇，如胡格尔所言，该地的玫瑰花有着超出同类的美丽和芳香。将大量二次蒸馏的玫瑰水倒入一个敞口容器，在清凉的溪水中放过一晚，第二天早上玫瑰油便凝成微小的斑点浮在表面，然后用剑兰的叶锋非常小心地取出，冷却之后呈暗绿色，硬如树脂，达到沸水的温度也不会融化。每500到600磅重的花瓣可以产出一盎司玫瑰油。"

萨维尔在《调香学》中写道："在法国，玫瑰是在清晨于花蕾刚刚绽开之际被采摘下来。有时候，滨海阿尔卑斯省可以采集到150吨的玫瑰。在工厂里，第一步是将花瓣与绿色部分完全分离，这项工作由棚子里的女工坐在长凳上完成。分离出来的花瓣有时在一座工厂的地面上可以堆起四吨之多。随后，或通过加水蒸馏制作玫瑰水或玫瑰油，或于热脂肪或橄榄油中进行浸渍，以获取香脂或香油，这些产品接下来都要通过'花香吸取法'

（enfleurage）来最后完成。'玫瑰提取物'（extrait de rose）便是从这些香脂或香油中获得的。"

皮耶斯博士在他的杰作《调香的艺术》中谈到法国用于生产玫瑰油的玫瑰种植："没有哪一个步骤比种植更简单更原始。先是给田地粗略施肥，特别是会用上不同植物蒸馏后的残留物，随后用上轭的牛犁地。将用常规的压条法或者分株法培育的玫瑰幼苗成排栽种，株与株之间相隔两英尺，排与排之间相距约五英尺。每一条根在栽种前需要将芽的数量削减到两三个以内，其余则交予大自然。种植的品种是包心普罗旺斯玫瑰。第二年就会有很大数量的花朵长出来，但是要到第四年才能发育充分。一座精心打理的玫瑰种植园可以持续六到八年，但是想要达到这个水平必须充分做好排水。每英亩需要覆盖约七千株玫瑰，平均每季可产五千磅重的玫瑰花，每磅价值 1 到 1.5 便士，也就是说每英亩可产出 30 英镑……前任阿德里安堡副领事布伦特先生在一份递交给外交部的报告中，描述了阿德里安堡省玫瑰田的情况。当地的玫瑰田绵延 12000 至 14000 英亩，提供了迄今为止该地区最主要的财富来源。玫瑰采摘季通常是从四月下旬到六月上旬。日出之时，平原像一座广袤的花园，充满生机和芬芳，几百个保加利亚男孩女孩将花朵采集到篮子和大口袋里，空气中满溢着醉人的香气，歌声、舞蹈和乐声令这一场景变得更加鲜活。若逢一个凉爽的春季，露水丰沛，不时降雨，作物会长得更好，产油量可以得到保障。1866 年气候喜人，8 欧卡（略少于 23 磅）的花瓣——个别情况下为 7 欧卡——可产出一密斯卡尔（74.2 格令）精油。如果天气非常炎热干燥，则需要用两倍的花瓣量。玫瑰种植不会带来太多麻烦和花销，这里土地便宜，税收适度。"

"对于没有长期从事玫瑰种植的人来说，"萨维尔写道，"一种玫瑰与另一种之间可能非常相似，除了一点色彩和生长习性的差异之外就没有多少可辨别的差异。或许很多人难以置信，不仅存在着完全没有气味的玫瑰，而且还有气味十分难闻的玫瑰……玫瑰的香气多种多样，没有两个品种拥有相同的气息。'纯粹'的玫瑰香气是独一无二、渺不可寻、无法比拟的。事实上，它是一种'原型'，非'模仿'可以触及。"

法国玫瑰油据说比土耳其玫瑰油的稠度更高，色泽也更绿。

迷迭香（Rosemary）——Rosmarinus officinalis（林奈）

分类：唇形科

产地：地中海地区

药性：兴奋、止痉挛、健胃、调经

这是表示记忆的**迷迭香**，爱人，请你记着吧。

——《哈姆雷特》第四幕第五场

揩干你们的眼泪，把你们的**迷迭香**散布在这美丽的尸体上。

——《罗密欧和朱丽叶》第四幕第五场

可尊敬的先生们，

这两束**迷迭香**和芸香是给你们的，

它们的颜色和香气在冬天不会消散。

愿上天赐福给你们两位，永不会被人忘记！

——《冬天的故事》第四幕第四场

这地方本来有许多疯丐，他们高声叫喊，

用针哪，木锥哪，钉子哪，**迷迭香**的树枝哪，

刺在他们麻木而僵硬的手臂上。

——《李尔王》第二幕第三场

　　从伊比利亚半岛到希腊和小亚细亚，迷迭香丛在地中海干燥多石的丘陵地带生长繁茂。它们通常喜欢邻近海洋生长，但是就连撒哈拉沙漠也能见到它们的踪迹——它们在那里被人采集，由车队运往中非。普林尼曾提到迷迭香，并赋予它许多美德。西班牙的阿拉伯医生对它们也很熟悉，13 世纪的伊布·贝塔说，迷迭香是当时香料买卖的商品。在中世纪，迷迭香无疑备受重视，或许是因为它是查理曼大帝下令种植于帝国农场中的植物之一。一位 15 世纪的作家约翰·菲利普将其描述为一种常见的腌肉调

味品。在诺曼征服之前，迷迭香可能就已在英国被种植，因为它在一部盎格鲁—撒克逊草药志《阿普吕草药志》中被推荐使用。

该植物的学名来源于拉丁语"大海之露"（ros marinus），贺拉斯、奥维德等公元前的拉丁语作家都如此称呼它。罗杰·哈基特于1607年谈到迷迭香："它凌驾于花园中的群芳之上。它改善大脑、增进记忆，是医治头脑的良药。"迷迭香精油常用于调香，皮耶斯指出，特别是与其他精油混合给肥皂增香。古龙水的制作离不开迷迭香，而在曾经名盛一时的"匈牙利水"中它是主要成分。匈牙利水以类似古龙水的方式制成和售卖，据说它得名于一位匈牙利女王，她在75岁那一年从一次含有匈牙利水的沐浴中受益良多。无疑，神职人员和讲演者这些需要经常讲话的人，将匈牙利水洒在手帕上，会对他们大有帮助，因为其中包含的迷迭香可以令大脑焕发活力，偶尔用这样的手帕擦脸可以吸入足量的兴奋性物质。迷迭香的用处可以列出一张长长的单子：挂在壁橱里可以驱赶蛾子；种在窗台的花盆里可以净化空气；它的煎剂或泡剂是极好的洗头水；将三十滴迷迭香蒸馏精华溶于水中可止痉挛；用它的花瓣泡茶对偏头痛和神经疾病有益；用强效煎剂浸洗太阳穴可消除眩晕；内服可激活身体、促进消化；干叶通过吸食可治疗哮喘，做成擦剂还可暖化关节僵硬；它还是一种给疲惫和劳累过度者带来休憩的药草。无怪乎古人对迷迭香如此看重，令其在最高规格的仪式、加冕典礼、婚礼和葬礼上都占有一席之地。过去它曾被称作"桂冠迷迭香"（Rosmarinus coronarius），因为它被用于编织花冠和花环，在宴会上献给最尊贵的客人。即使今日，在英格兰一些地区的葬礼上仍有分发迷迭香小枝，让参礼者抛入坟墓的习俗，盖伊在《牧羊人之周》中写到这一习俗：

"迷迭香小枝握在青年男女手中，

牧师走在前面，步伐凝重。

他们将迷迭香抛向她的坟墓，

还有那雏菊、毛茛和蓝菊苣。"

作为一种耐寒灌木，它可长到八九英尺高，茂盛生长于邻近海岸的地带，常能依其天性形成一片浓密的树篱。尽管如此，如黄杨树一样，只要保持定期修剪，它也可以用作仅几英寸高的整齐的边缘植物。

芸香（Rue）——Ruta graveolens（林奈）

别名：天恩草等

分类：芸香科

产地：南欧

药性：驱肠虫、刺激、调经、止痉挛

这儿她落下过一滴眼泪，就在这地方，

我要种下一列苦味的**芸香**，

这象征着忧愁的芳草不久将要发芽长叶，

纪念一位哭泣的王后。

——《理查二世》第三幕第四场

这是给您的**芸香**，这儿还留着一些给我自己，遇到礼拜天，我们不妨叫它**慈悲草**。啊！您可以把您的**芸香**插戴得别致一点儿。

——《哈姆雷特》第四幕第五场

小丑：可不是吗，大人，她就是甘牛至、**天恩草**，把她拌在菜里吃，一定也很香。

拉佛：浑蛋，谁跟你说香草来着？我们说的是仙草。

——《终成眷属》第四幕第五场

芸香草过去常常与"悔悟"联系在一起，因此得名"天恩草"。它原生于地中海沿岸，不过很早便开始在英格兰被种植。作为花园植物，它是一种适合与假山奇石搭配的美丽灌木，叶子散发的香气有极强的穿透力和扩散力。早在希波克拉底时代，人们便认识到它可用作消毒剂和药物。此外，犹太人可能和古希腊人一样，不仅将它用作药物，还用于给菜品调味。然而，这种植物的口味很苦，而且有刺激性，如果作为食物或药品使用不当，可能产生非常危险的后果。《圣经》中提到了芸香："你们将薄荷、茴香、各样蔬菜献上十分之一，但上帝的公义和仁爱，都忘记得一干二净。"罗森缪勒注解道，根据《塔木德》，一切栽培于园圃或耕种于田地的，于大地上生长，为人类所照看的可食用之物，都要缴纳什一税。由此看来，芸香在很早期便已作为香料种植，且达到了向教会缴纳什一税的规模。

皮耶斯在《调香的艺术》中写道："每一个探访纽盖特监狱的人都会注意到伦敦中央刑事法庭上摆放的芸香小枝。它的用处要上溯到那座监狱还是一个从不清洁的兽窝的年代。当时如果被监禁在纽盖特监狱，染上监狱热和监狱传染病是自然而然的结果。为了防止'法庭上的囚犯'传染'尊贵的法官'，给法庭上的所有人分发芸香的做法便随之而起，甚至延续至今。通过蒸馏，芸香的芬芳物质或者精油得以提炼，主要用于生产芳香料、卫生用品和化妆品。"

图瑟以老式韵文描述了芸香作为消毒剂的优点：

"如果医生说得没错，对于污染的地方，
谁的气息能胜过苦艾和芸香？"

在柑橘属的几种代表植物和其他美观的树木之外，澳大利亚有一些最受欢迎的开花灌木属于芸香科，例如波罗尼亚花、木橘（或称本土倒挂金钟）、蜡南香。这些灌木在各个殖民区广为分布。波罗尼亚花有不下五十七个品种，主要生长于西澳大利亚。蜡南香与其数目相当，大多见于新南威尔士，木橘则有六个品种。不过，木橘属尚未记录西部殖民区发现的品种，以及一个仅见于昆士兰的品种。芸香科还包含了可能是南非最华丽的树种——"丽芸木"（Calodendron Capensis）或称"南非栗树"。墨尔本植物园中的几株样本近些年已经结出了丰富的籽，它正在维多利亚州变得越来越常见，最终无疑会作为林荫道或街道树木被大量需要。成熟的丽芸木可达四十英尺高，树叶呈深橄榄绿色，硕大的直立圆锥花序上开出美丽的肉色花朵。

▶ 这是给您的**芸香**，这儿还留着一些给我自己，遇到礼拜天，我们不妨叫它**慈悲草**。啊！您可以把您的**芸香**插戴得别致一点儿。——《哈姆雷特》第四幕第五场

Rue

February 1901

310

灯芯草（Rush）——Juncus communis（林奈）

分类：灯芯草科

产地：北极和温带地区

握着一根灯芯草，

你的手掌上也会有一刻儿

留着痕迹。

——《皆大欢喜》第三幕第五场

谁只要拿一根灯芯草向奥赛罗的胸前刺去，

他也会向后退缩的。

——《奥赛罗》第五幕第二场

有的魔鬼只向人要一些指甲头发，

或者一根灯芯草、一滴血、一枚针、

一颗胡桃、一粒樱桃核。

——《错误的喜剧》第四幕第三场

您高兴说它是月亮，它就是月亮；

您高兴说它是太阳，它就是太阳；

您要是说它是灯草芯蜡烛，我也就当它是灯草芯蜡烛。

——《驯悍记》第四幕第五场

我们的城门瞧上去虽然还是关得紧紧的，

可是它们不过是用**灯芯草**拴住的，

等会儿就会自己打开。

——《科里奥兰纳斯》第一幕第四场

她拿附近长着的**灯芯草**做指环，

对它们说些最悦耳的题铭。

——《两位贵亲戚》第四幕第一场

莎士比亚共十七次写到灯芯草，大多与将其撒在房屋和教堂地面的习俗相关，或是作为虚弱的象征。灯芯草还广泛用作烛芯，故得此名。

在著名的"灯芯草属"（Juncus）植物之外，"灯芯草"（Rush）之名还用于许多其他属的植物，例如赤箭莎属、藨草属、花蔺属、木贼属、硬草属、克拉莎属等。有时被称作灯芯草的"水葱"（Bulrush）是藨草属植物，在几乎全欧洲和西亚的沟渠和多水地区大量生长，用于制作椅垫、跪垫、绳索和网等。"香蒲"（Typha angustifolia）有时也被称作灯芯草（Bull Rush/Club-rush），不过更广为人知的名称是"猫尾草"（Catstail），它和藨草属植物一样，不仅生长于英国，而且见于欧洲大部分地区、温带和热带亚洲、温带北美洲和澳大利亚的许多地区。它是维多利亚州的一种常见植物，在海洋镇附近的康内瓦尔湖畔，常可见到它们与芦苇（Arundo phragmites）相伴而生，高度足可长到十二英尺，缠结的根部形成数英尺厚的海绵质基底。香蒲属植物可用作一流的造纸材料，从它们的叶子中还可以提取一种强韧而细密的纤维。莎草科中有一种"亮莎草"（Cyperus lucidus）也被称作灯芯草，它是一种簇生沼泽植物，几乎遍布澳大利亚，在维多利亚州尤多，亦可用于上述用途。莎草科中最有趣的要数"纸莎草"（Cyperus Papyrus），又称"尼罗河灯芯草"或"纸芦苇"。这种植物原产自尼罗河上游和其他非洲河流，加利利湖和叙利亚其他地区，以及西西里。许多年前，悉尼植物园园长查尔斯·摩尔先生将其引入澳大利亚，如今可以在墨尔本植物园湖区周边的许多地方见到它们茂盛生长。这种植物的茎呈三角形，通常可达十英尺高，三分之二露出于水面。用它最粗的茎可以制成或粗糙或细密的纸张，过程十分简单，类似于南太平洋诸岛居民用构树（Broussonetia papyrifera）树皮制作纸质布料"塔帕"（Tappa）所采用的工序。埃及人加工纸莎草的方式是：将多髓茎剥皮，从顶部到底部切成薄片，根据需要的大小摆放在一起，令其边缘相接，或者用较短的条带横向铺开，随后喷洒胶水（或如某些人所述，用尼罗河的泥浆），用一种木制工具捶打至均匀平滑，再以大力压成一整张，在阳光下晾干。大篇幅写作会将所用的一沓纸张卷成一个长纸卷。书写工具包括一种被称作"卡什"（Kash）的芦苇笔，和用动物骨炭和油脂制成的红色或黑色墨水。

此外，纸莎草的茎还被埃及人用于装饰神庙、给神像编织冠冕，以及编织绳索、小船、垫子、船帆和凉鞋等。

纸莎草就是《以赛亚书》中所提到的编织箱子用的蒲草，在希伯来语《圣经》中写作"Gôme"。摩西的母亲把婴儿摩西放进用纸莎草编织的箱子，置于尼罗河岸的芦荻之中。然而，这种植物被用作造纸材料则要追溯到更加遥远的时代，有关埃及古墓中发现的纸莎草的记载可以为证。在大英博物馆以及欧洲大陆和东方的类似机构中，制作于公元前 2000 年左右或者亚伯拉罕之前时代的纸莎草卷轴或可得见。实际上，广泛使用纸莎草书写的历史存在于埃及的各个时代。不过今天，纸莎草在埃及已经十分罕见，或许就像曾经遍布尼罗河的圣莲（Nelumbium speciosum）一样，终有一天会在那里彻底绝迹。德·卡索诺指出，秘鲁人仍在使用的芦苇船酷似壁画中用纸莎草编织的埃及船——该壁画留存于底比斯城中的拉美西斯三世之墓中。

黑麦（Rye）——Secale cereale（林奈）

分类：禾本科

产地：东方

药性：淀粉质

走过了青青黑麦田，

春天是最好的结婚天。

　　　　　　　　——《皆大欢喜》第五幕第三场

刻瑞斯，最丰饶的女神，

你那繁荣着小麦、大麦、**黑麦**、燕麦、野豆、豌豆的膏田。

　　　　　　　　——《暴风雨》第四幕第一场

你们在八月的日光下蒸晒着的辛苦的刈禾人，

离开你们的田亩，到这里来欢乐一番；

戴上你们**黑麦秆**的帽子。

　　　　　　　　——《暴风雨》第四幕第一场

　　一些专家认为黑麦最初产自高加索地区，但是它几乎可以在任何土壤和气候中茁壮生长。它以前主要用于制作面包，比小麦更具营养，因为它含有更多谷蛋白。巴克曼教授说，根据卡尔·科赫的记载，野生黑麦发现于克里米亚半岛的山地，特别是海拔 5000 至 6000 英尺花岗岩之上的德什米尔村一带。在这样的地方它的穗通常不长于 1 到 2.5 英寸。黑麦有时会伴有"麦角"（Secale cornutum），那是一种黑麦和其他禾本科植物生出的黑色角状分叉，其中的种子或谷粒由于染病而变质。黑麦中长出的此类分叉有时长达一英寸，而在黑麦草（Lolium）中，它们的长度和大小很少达到前者水平。在更小的禾本科植物中，麦角的大小则与其种子大小成正比。

在种植黑麦做面包的地区，黑麦麦角一直是难以摆脱的祸患，据记录，某些恶疾的发病就是由于磨制面粉时混入了麦角。如果长期食用会对人产生多种影响，据说其中之一是生坏疽。

藏红花（Saffron）——参见第五期 "番红花"（Crocus）

草原藏红花（Meadow Saffron）——Colchicum autumnale（林奈）

别称：秋水仙

分类：百合科

产地：英国和小亚细亚

药性：刺激、镇静

这个面孔黄黄的家伙，

就是他今天在我家里饮酒作乐。

——《错误的喜剧》第四幕第四场。

不，不，不，你的儿子是受了那个穿开叉绸衣的家伙的勾引，那家伙的邪恶的**黄色染料**能使全国的半生不熟的青年都染上

他的颜色。

——《终成眷属》第四幕第五场

上面提到的藏红花，以及"番红花"条目中的引文都不是我们园中的草原藏红花，而是被用作香料和黄色染料的"栽培番红花"（Crocus sativus），或称"真藏红花"。它被收录在了国内的药典之中。

草原藏红花，或谓"秋水仙"，不仅作为园中花卉被人欣赏（它有很多变种），而且颇具药用价值。马斯特斯博士在《植物学宝库》中如此描述："入药的是脱水的球茎和种子，前者在外观上很像郁金香球茎，虽然没有它们的鳞片，但是内部十分坚实。它的有效成分据说是一种毒性很强的碱性物质'秋水仙碱'。"

"秋水仙作为药物主要用于镇痛或治疗痛风。在某些情况下它的药效卓著，但是如其他药物一样，它也不能说是完全可靠的。它具有刺激性和镇静功效，作用于所有内分泌器官，特别是肠道和肾，容易造成过度抑制，大剂量下则成为刺激性毒物。林德利博士讲述了一个女子秋水仙芽中毒的案例，这棵秋水仙被扔在了考文特花园市场中，被她误认作洋葱。"

海茴香（Samphire）——Crithmum maritimum（林奈）

别称：圣彼得草

分类：伞形科

产地：欧洲、北非和东方

药性：利尿、滋补

山腰中间悬着一个采**海茴香**的人，

可怕的工作！

我看他的全身简直抵不上一个人头的大小。

——《李尔王》第四幕第六场

海茴香的英文 Samphire 只不过是 St. Peter（圣彼得草）的讹变。由于它生长在礁石上，所以又称礁茴香，虽然它同样大量生长于疏松、肥沃的砂质土壤中。在莎士比亚时代，采集海茴香是一个传统行业，它们生长在欧洲除了北海岸之外的所有海岸。海茴香有一种辛辣开胃的芳香口感，其嫩叶可以做成上等的泡菜，用来做泡菜的海茴香需要在植株长出花梗之前采摘。

旧时的草本植物学家杰拉德说它可以做成"最好的调味汁，风味宜人，是人体消化肉类的最好帮手"。

在墨尔本植物园的很多地方都可以看到这种植物自由生长。

318

番泻树（Senna）——Cassia[①]

分类： 豆科

产地： 印度、东印度群岛、西印度群岛、非洲、美洲

药性： 催泻等

什么大黄番泻叶，什么清泻的药剂，

可以把这些英格兰人排泄掉？

——《麦克白》第五幕第四场

狭叶番泻（Cassia lanceolata）、倒卵叶番泻（Cassia obovata）以及四五个其他品种的小叶组成了医学中所称的番泻叶。决明属包括大约一百六十个种，大部分是高度在五至十二英尺的灌木，开鲜艳的黄花。有少数高度可观的乔木，特别是黄花决明（Cassia glanca）、白皮决明（Cassia bacillaris）、腊肠树（Cassia fistula）。"腊肠树"得名于其荚果的形状，它的荚果呈圆柱形，粗一英寸多，长度通常可达二十英寸，呈深棕色。这些荚果挂在梢头的样子十分奇特，与其他豆科植物不同的是，在成熟干燥之后，它们的果实保持完好，果皮不会开裂，类似于昆士兰的品种布鲁斯特决明（Cassia Brewsteri）。决明属中大约有三十个种原产自澳大利亚，其中六个见于维多利亚州。"桂丁"（Cassia buds）

---

① 译者注：决明属，具体学名取决于种。

是肉桂和其他一些樟科植物的芽的商品名。"桂皮"（Cassia bark）
是"中国肉桂"（Cinnamomum Cassia）的产物。中国肉桂类似于
锡兰肉桂，但是质地粗糙许多，口味也不及后者清香。[①]

———————————

① 译者注：肉桂为樟科樟属植物，与本条目的豆科决明属不同，之所以
在此介绍是因为二者在英文中共用 cassia 一词。

March 1901

草莓（Strawberry）——Fragaria vesca（林奈）

别称：野草莓、林地草莓

分类：蔷薇科

产地：欧洲、亚洲

药性：收敛、退热、冷却

您有没有看见过在尊夫人的手里

有一方绣着草莓花样的手帕？

——《奥赛罗》第三幕第三场

我的伊里大人，我上次在贺尔堡看见

您的花园里有很好的草莓。

——《理查三世》第三幕第四场

草莓在荨麻底下最容易成长，

那名种跟较差的果树为邻，

就结下更多更甜的果实。

亲王的敏慧的悟性，

同样也只是掩藏在荒唐的表面底下罢了。

——《亨利五世》第一幕第一场

在莎士比亚时代，草莓指的是从林地带回并种植于园圃中的野生草莓。据说与它同时种植的还有一个美洲品种"弗州草莓"（Fragaria Virginiana）。"山草莓"（Fragaria collina）被一些人认为仅仅是英国野草莓的一个变种，在北欧的许多地区可以见到。英国最早的结大颗果实的"麝香草莓"（Hautbois）据说源自"波西米亚高山草莓"（Fragaria elatior），它风味浓郁，且在近些年得到了极大改良。"智利白草莓"（Fragaria Chilensis）于18世纪初被引入英格兰，大约十五年后，"大花草莓"（Fragaria grandiflora）或称"凤梨草莓"也从南美某个地区被引入。后者有着浓郁的凤梨香气和口味，而且个头儿很大，无疑具有很高的异花受精价值，因此一些良种得以大量种植。一些专家指出，经常食用一定量的草莓，对于治疗痛风、风湿、结石、瘰病，乃至腐败热等疾病大有裨益。据说，为这种植物拟定学名的伟大的林奈自称，他通过吃草莓治愈了顽固的痛风。

西卡莫槭（Sycamore）——Acer pseudo-platanus（林奈）

分类：无患子科

产地：欧洲和西亚

在城西一丛枫树的下面，

我看见罗密欧兄弟

一早在那儿走来走去。

——《罗密欧与朱丽叶》第一幕第一场

可怜的她坐在**枫树**下啜泣。

——《奥赛罗》第四幕第三场

在一株**枫树**的凉阴之下，

我正想睡它半点钟的时间。

——《爱的徒劳》第五幕第二场

　　西卡莫槭生长迅速、树形美观，可谓闻名遐迩，无须多费笔墨面面俱到地描述。它是一种每年落叶的树，可以长到五十至八十英尺的树高和等比例的树围，产出纹理优美的高品质木材，在小提琴、吉他和钢琴制造，以及细木家具、印刷和漂白作业中备受追捧。它的木材，如另外一些槭树一样，提供可长时间剧烈燃烧的高级木炭。西卡莫槭据说可以活到超过二百岁，但平均树龄在一个半世纪左右。这种树在英国全境都可以见到，因此被一些人认为是原生树种，但实际上近至 17 世纪它都在英格兰

◄您有没有看见过在尊夫人的手里有一方绣着**草莓**花样
的手帕？——《奥赛罗》第三幕第三场

鲜为人知。14世纪的乔叟谈及西卡莫槭，将其视作罕见的舶来品。杰拉德在1597年写道："大槭树是英格兰的外来者，只生长在贵族的庄园小径和消遣之地，种植它主要是为了其树荫。这种大槭树被称作西卡莫槭。"但是，西卡莫槭（Sycamore）之名引发了一种谬见，即认为它是《圣经》中写到的西卡莫无花果树（Sycamore tree）。二者不仅外观迥异，而且在植物学上归属于截然不同的类别。

然而，名称的混淆不足为奇，事实上，Sycamore这个词最初是被用来指代大槭树（great maple）的，当时人们认为这两种树并无二致。《圣经》中的Sycamore指的是巴勒斯坦的西卡莫无花果（Ficus sycamorus），书中屡屡提及，表明了当时它在亚洲部分地区种植之多。"于是他跑到前头，爬上一棵无花果树，要看耶稣，因为耶稣就要从那里经过。"公元4世纪的圣哲罗姆告诉我们他曾见过这一棵树，这充分证明了其树龄之久。言及所罗门王诸多值得称颂的事迹，其中有"使香柏多如谷中的无花果树"（《列王纪·上》10：27）。

在他父亲大卫王的时代，一位官员被指派"掌管平原的橄榄园和无花果园"（《历代志·上》27：28）。亚萨的训诲诗中讲述了上帝对以色列人的不悦，"降霜冻坏他们的无花果树"。在维多利亚州和新南威尔士的大部分地区，《圣经》中的无花果树必然会被严霜冻坏，在昆士兰北部却能繁茂生长。反之，大槭树则无疑会在那里焦渴而死。大槭树适宜生长于维多利亚州的高原地区。

蓟（Thistle）——Carduus lanceolatus（林奈），Cnicus lanceolatus（维尔登诺）

别称：矛蓟、刺蓟、野猪蓟、公牛蓟、翼蓟、紫蓟等

分类：菊科

产地：欧洲、西亚和北非

只能拿可恶的羊蹄草、粗糙的蓟，

毒胡萝卜、牛蒡当儿女。

——《亨利五世》第五幕第二场

蛛网先生，好先生，

把您的刀拿好，替咱把那蓟草叶尖上的

红屁股的野蜂儿杀了。

——《仲夏夜之梦》第四幕第一场

在这种植物的诸多常见名称之中，大多数澳大利亚人最熟悉的要数"矛蓟"。"飞廉"（Carduus arvensis）又称"翼蓟"（Plume Thistle），但翼蓟同样可指矛蓟（Carduus lanceolatus），因为与其蓟属植物不同，二者的种子状果实都在顶端簇生着羽毛状的刚毛叶。这两个种——前者每年皆可结籽，后者每两年或三年结籽，可通过吸根大量繁殖——长久以来被澳大利亚许多地区的牧民视作祸害。

　　矛蓟及其亲族这些有害的杂草繁殖快、蔓延广，危害了一些最重要的牧羊产业。于是在 1890 年的维多利亚州，以及更早几年的新南威尔士，一项叫作《矛蓟法案》的议会法案获得通过，对所有不能清除自家土地上的矛蓟的人处以高额罚金。然而近些年，不知是农民和牧民精力不济，还是没有阻止矛蓟繁殖的良方，在维多利亚州的一些地区可以见到这些害草绵延数千英亩。由此可见这项法案已经不再被严格执行。蓟有两个原生于欧洲、北非和西南亚部分地区的种也成了为祸澳大利亚的杂草，即"滨蓟"（Carduus pycnocephalus）和"水飞蓟"（Carduus pycnocephalus）。后者又称斑点蓟、奶蓟、圣母蓟或圣蓟，一些人将其认作苏格兰纹章中的蓟，但这毫无疑问是一种误解，虽然另外还有不下四个品种被加予这份殊荣。其中，"棉蓟"（Onopordon Acanthium）如今在澳大利亚的一些地区比苏格兰本地还要多见，它不仅产自欧洲，而且原生于西亚和北非，许多作者断言它就是真正的苏格兰蓟，也即他们国徽中的植物。福克德写道："它的花萼和刚毛叶与拉丁格言'凡伤我者必受惩罚'（Nemo me impune lacessit）相吻合，这句格言译入苏格兰语后（Wha daur meddle wi'me）连同蓟花一起，被奉为苏格兰传统精神的象征。之所以如此，要追溯到如下事件：'一伙入侵的维京人试图在夜间奇袭苏格兰军队。在夜幕的掩护下，他们靠近了苏格兰人睡觉的营地，但是其中一人踩到了多刺的蓟上，因疼痛不由自主地叫出了声，惊醒了几个苏格兰人。他们迅速武装起来，将敌人驱逐。'""无茎大翅蓟"（Onicus acaulis）被一些人认为是真正的苏格兰国花，因为它与击败维京人的传说最为吻合，而且詹姆斯五世发行的帽币上印有它的图案。

节毛飞廉（Carduus acanthoides）和垂花飞廉（Carduus nutans）则被另外一些人认为是：

> "光荣的蓟花，苏格兰子民敬爱的国徽，
> 环绕着威慑之刺，壁垒森严，
> 凛然不可侵犯。"

荆棘（Thorns）——山楂树（Hawthorns）、野玫瑰（Briars）、蓟（Thistles）、黑莓（Brambles）和玫瑰（Roses）常在莎士比亚笔下以"荆棘"统称，他用该词表示一切多刺且令人不快的植物，借以表达困扰和荒凉的含义。

> 我已举手向神前许愿，
> 不攀折**荆棘**上的鲜花嫩瓣。
>
> ——《爱的徒劳》第四幕第三场

> 好比一个迷失在**荆棘**丛中的人，
> 一面披**荆**斩**棘**，一面被**荆棘**刺伤；

一面寻找出路，一面又迷失路途。

　　　　　　　　——《亨利六世》下篇第三幕第二场

悲惨的事情还在后面；我们后世的子孙将会觉得

这一天对于他们就像荆棘一般刺人。

　　　　　　　　——《理查二世》第四幕第一场

你不要像有些坏牧师一样，

指点我上天去的险峻的荆棘之途。

　　　　　　　　——《哈姆雷特》第一幕第三场

她自会受到上天的裁判，

和她自己内心中的

荆棘的刺戳。

　　　　　　　　——《哈姆雷特》第一幕第五场

我简直发呆了，在这遍地荆棘的

多难的人世之上，我已经迷失我的路程。

　　　　　　　　——《约翰王》第四幕第三场

长着尖刺的荆棘丛，和密接互抱的灌莽。

　　　　　　　　——《维纳斯与阿都尼》

百里香（Thyme）——Thymus Serpyllum（林奈）

分类：唇形科

产地：欧洲、亚洲和北非

药性：防腐

我们的身体就像一座园圃，

我们的意志是这园圃里的园丁，

不论我们插荨麻、种莴苣，

栽下牛膝草、拔起**百里香**……

———《奥赛罗》第一幕第三场

我知道一处**百里香**盛开的水滩。

———《仲夏夜之梦》第二幕第一场

这种芳香植物有一种怡人的强烈香气，在烹饪中是一味常用香料，它远在莎士比亚时代之前便种植于英格兰。

百里香有四五十个品种为人所知，栽培百里香（Thyme vulgaris）比野生百里香生长得更加挺拔，它的底部呈灰白色，叶子的边缘向内卷，轮生花散生于顶部。它原产于西班牙和意大利，生长在干燥的未开垦之地，并在法国南部被大量种植，用于提炼香精油。每年有大量百里香油出口至英格兰，称作墨角兰油售卖，实则为它的替代品。这种香精油通过蒸馏来提取，广泛用

332

于制作香皂。古罗马人对百里香十分熟悉，它作为一种受欢迎的养蜂植物被种植。伊米托斯山的蜂蜜之所以如此知名，要归功于山上的野生百里香。薄荷、鼠尾草、五彩苏、香茶菜、到手香、木薄荷，以及许多其他澳大利亚灌木也都归属于唇形科。

芜菁（Turnip）——Brassica Rapa（林奈）

别称：洋大头菜

分类：十字花科

产地：欧洲

唉！要是叫我嫁给那个医生，我宁愿让你们把我活埋了，用大头菜把我砸死！

——《温莎的风流娘儿们》第三幕第四场

这种非常有用的作物为我们的祖先所熟知，是他们钟爱的食材。然而，与今日我们的田野和园圃中繁多的品种相比，它曾经的种植品种寥寥可数。最主要几种是菜园中的白黄芜菁、田地里的白芜菁和用作牛饲料的瑞典芜菁。普林尼曾提到，在他的时代有些芜菁可以达到四十磅重。有些植物学家认为芜菁是一种原产于欧洲部分地区的、两年生甘蓝族植物"芸苔"（Brassica campestris）的亚种。十字花科之中有不下五十四个种原产于澳大利亚，它们隶属于十五个属。

野豌豆（Vetch）——Vicia sativa（林奈）

分类：豆科

产地：欧洲、北非和东方

刻瑞斯，最丰饶的女神，

你那繁荣着小麦、大麦、黑麦、燕麦、野豆、**豌豆**的膏田。

——《暴风雨》第四幕第一场

　　野豌豆作为一种饲料植物在欧洲和美洲的一些地区被广泛种植。虽然野豌豆属中还有大约一百个其他品种为人所知，但是鲜有具备园艺价值的。它们大部分是一年生和两年生植物。窄叶野豌豆（Vicia angustifolia）和博巴蒂野豌豆（Vicia Bobartii）都只是救荒野豌豆（Vicia sativa）在栽培中的变种。在英格兰和苏格兰的某些林地之中，有时可以见到一种十分引人注目的植物——林地野豌豆（Vicia sylvatica）。它能开出缀着紫色条纹的硕大白色花朵，植株高度可达五六英尺，茎上长满长而分枝的卷须，垂于丛莽之间。此外，广布野豌豆（Vicia Cracca）和春山鬻豆（Vicia lathyroides）也原产自英国。

　　大野豌豆（Vicia gigantea）是产自北美的一种高大的多年生

野豌豆，据说是一种很好的饲料草，它的嫩籽营养丰富，可作为豌豆的替代品。

香堇菜（Violets[①]）——Viola odorata（林奈）

分类：堇菜科

产地：欧洲、北亚和非洲

药性：催吐、镇痛

欢迎，我儿。新的春天来到了，

哪些人是现在当令的香堇？

——《理查二世》第五幕第二场

咱们身下这紫络的香堇，绝不会多言，

它们也不懂得，咱们为什么要如此这般。

——《维纳斯与阿都尼》

他们是像微风一般温柔，

在香堇花下轻轻拂过，

---

① 译者注：Violet 常被误译作"紫罗兰"，而实际上"紫罗兰"主要指十字花科植物 Matthiola incana，与堇菜科植物（Violaceae）迥异。

不敢惊动那芬芳的花瓣。

——《辛白林》第四幕第二场

把她放下泥土里去，
愿她的娇美无瑕的肉体上，
生出芬芳馥郁的**香堇花**来！

——《哈姆雷特》第五幕第一场

又奏起这个调子来了！它有一种渐渐消沉下去的节奏。
啊！它经过我的耳畔，
就像微风吹拂一丛**香堇**，发出轻柔的声音，
一面把花香偷走，一面又把花香分送。

——《第十二夜》第一幕第一场

比朱诺的眼睑，
或是西塞利娅的气息更为甜美的
暗色的**香堇花**。

——《冬天的故事》第四幕第四场

　　香堇菜在野花之中一直占据着举足轻重的一席，浓艳富丽的紫色，香甜优雅的气息，无论从哪个方面看它都当之无愧。大体说来，堇菜属约有一百个种，其中将近六十个发现于北温带（七

个属于英国），约三十个发现于南美，两个在南非或东非，四个在澳大利亚，还有几个在新西兰。莎士比亚笔下的香堇菜是英国林地和田野中的野生香堇菜（Viola odorata），主要是从这个种及其九个有香味的变种中衍生出了许多硕大而芬芳的品种，既有重瓣也有单瓣，如今在各地的花园中备受喜爱。

美丽的淡蓝重瓣那不勒斯香堇菜也是野生香堇菜的一个变种。它甜美的紫色花朵是拿破仑帝国的象征，也成为拿破仑第一次流放于厄尔巴岛期间波拿巴派的身份标志。据说拿破仑在即将启程赴厄尔巴岛时安慰他的追随者，承诺将会带着香堇菜归来：

> "别了，法兰西！然而，如果自由再次跃升，
> 在你的土地上重整旗鼓，那时记着我。
> 在你幽深的山谷中，香堇菜仍旧在滋生；
> 尽管干枯了，你的泪水会使它绽放花朵。"

> ——拜伦

皮耶斯在《调香的艺术》第 231 页中记载："每年尼斯一带大约可以产出二十五吨香堇花。"萨维尔在《调香学》第 105 页中写道："地中海沿岸大规模地种植着香堇菜，特别是在格拉斯和戛纳地区。它们通常种植于十月和四月。十月更多一些，因为正当雨季，幼苗不会暴露在日晒中或者遭遇干旱，如在四月种下

则可能出现这些问题。最适宜它们生长的地方是橄榄林，林荫可保护它们免于夏天的强烈日光和冬季的严寒。它们被种植于长犁沟中，无须浇水，除非土地格外干旱。九月时要为它们松土和施肥。到了十一月，零星的花朵开始冒出来，其数量日渐增多，在十二月之前绿色已经被花朵遮盖，整个种植园呈现出一派绚丽的色彩。曾经为了维护植株而繁茂生长的绿叶此时偃旗息鼓，完全让位于它们曾经保护的娇嫩的花蕾，而这些花蕾现已亭亭绽放。花朵每周采摘两次，如果在植株上生长太久，则香味会流失。在叶子开始茂盛生长之前要把花朵采完，否则花朵会完全淹没在叶丛中。花朵是在上午采集，下午送至工厂，并立刻开始加工，因为如果放至第二天，香味将流失殆尽。这就解释了为什么那不勒斯香堇或者其他香气浓郁的品种从法国南部运到伦敦之后，显得并不比英格兰的相同品种更加馥郁芬芳。"

　　今日的三色堇有数不清的变种，它们都源于田野中的杂草三色堇（Viola tricolor）与鞑靼的阿尔泰堇菜（Viola altaica）以及瑞士的大花堇菜（Viola grandiflora）的杂交。1845 年，香堇菜和三色堇据说由托马斯·米歇尔爵士首次引入新南威尔士，1850 年又从那里被墨尔本植物园最早的几位园长之一、已故的约翰·达拉奇引入了维多利亚州。

April 1901

葡萄藤（Vine[①]）——Vitis vinifera（林奈）

分类：葡萄科

产地：东方和印度西北部

药性：冷却、通便

来，巴克科斯，酒国的仙王，

你两眼红红，胖胖皮囊！

替我们浇尽满腹牢骚，

替我们满头挂上**葡萄**。

　　　　　　——《安东尼与克莉奥佩特拉》第二幕第七场

啊，我尊贵的狐狸，不吃**葡萄**了吗？

但是我这些**葡萄**品种特别优良，

只要您够得着，您一定会吃的。

　　　　　　——《终成眷属》第二幕第一场

我们所有这许多**葡萄园**、休耕地、牧场、树篱，

不再对人类有任何贡献，全变成了荒草、苦艾的地盘。

　　　　　　——《亨利五世》第五幕第二场

---

① 译者注：在莎士比亚时代，英文 Vine 亦可代指"藤""葡萄"或"葡萄酒"。

现在，我的宝贝，

虽然是最后的一个，却并非最不在我的心头，

法兰西的**葡萄**和勃艮第的乳酪

都在竞争你的青春之爱。

——《李尔王》第一幕第一场

在她统治时期，人人能在自己的**藤架**瓜棚之下，

平安地吃他自己种的粮食，

对着左邻右舍唱起和平欢乐之歌。

——《亨利八世》第五幕第五场

葡萄成簇，摘果满筐。

——《暴风雨》第四幕第一场

这一只恶毒血腥、横行霸道的野兽，

踏烂了你们丰盛的农田和**葡萄园**。

——《理查三世》第五幕第二场

考虑到在莎士比亚及其之前的时代葡萄就已在英格兰被大量种植，他频频写到这种极具价值的植物也就不足为奇了——他在作品中至少二十五次写到葡萄。是罗马人的入侵将葡萄传入英国，在古老的《盎格鲁撒克逊宪章》中便屡次提及葡萄园，《英

国土地志》中也多次出现大规模的葡萄园。12世纪初，马姆斯伯里的威廉描绘了格洛斯特郡繁荣兴旺的葡萄园，并指出那些园中所产葡萄酒的量与从法国进口的量相当。

在13世纪和14世纪，英格兰西部和南部诸郡的许多城堡和修道院都有了自己的葡萄园，主要是露地栽培。生活于莎士比亚时代的杰拉德写道："葡萄藤种植在木杆和木架上，向四面八方蔓延，并向高处攀爬。它缠绕在树木或者周围的任何东西上。"然而，如果这些史料都是可信的，那么英格兰的气候一定已经改变甚多，或者葡萄藤已变得远比以前娇嫩。因为在现在的英格兰，如果不加保护地露天种植的话，这种植物长势实在难料。

最早关于葡萄种植的记载见于《圣经》："挪亚作起农夫来，栽了一个葡萄园。"（《创世记》9:20）

《圣经》中提到葡萄之处甚多。"所罗门在巴力哈们有一葡萄园。他将这葡萄园交给看守的人，为其中的果子，必交一千舍客勒银子。"（《雅歌》8:11）在《利未记》（25:4&5）中我们可以读到一项谕令，即每到第七年就不可修剪葡萄园，也不可摘取葡萄。

埃及早期的葡萄种植可由当地墓穴中的壁画和雕刻印证，葡萄酒酿造的不同工序都在其中得以全面呈现。

根据洪堡的研究，葡萄是由亚洲传入希腊，又从那里传入西西里的。那些在居鲁士威慑之下逃离的爱奥尼亚移民者建立了马赛之后，约在公元前540年，福西亚人将它带到法国。它可能是从希腊或者西西里被引入意大利的，随后迅速流传到南欧其他地区。福克德谈及在作品中写到葡萄的古代异教作者："加图留下了有关罗马葡萄种植技术的丰富资料，科卢梅拉、普林尼、瓦尔罗、帕拉狄乌斯和塔西佗也都写下了古人种植葡萄的诸多细节。"根据普林尼的记载，在他的时代已有一百九十五个品种的葡萄为人所知。在古希腊人和罗马人的生活中似乎已大量出现葡萄酒，不仅为了日常饮用，也在宗教仪式上作为供奉诸神的祭品。不过，虽然葡萄酒在罗马人的生活中很常见，但是对它的滥饮有专门的法律严格限制。年轻男子直到三十岁才获准喝葡萄酒，而女性则在任何时候都严禁接触。任何违法者都会被处以严厉的惩罚。然而，渐渐地，对于滥饮葡萄酒的限制开始松动，无论男女，酗酒都成了司空见惯之事。最终，罗马对葡萄酒的需求变得极大，葡萄种植也便增长到了空前的规模，乃至忽视了罗马农业的其他分支。为改变这一状况，图密善颁布了一道法令，要求半数的葡萄园必须毁掉，并且禁止再建立新园。在普林尼时代，意大利一些地方的葡萄藤以一种非常鲜活的方式，种植于成排的落叶树上，例如杨树、白蜡、桑树、橡树和榆树。这些树之间通常相距十五至二十英尺，剥去树枝的树干高度可观，葡萄藤攀缘而上，以一种半野生的状态生长，装点着树木，并将它们彼此联结。有时候，树木的行列之间可以穿插长约一个测链（66英尺）的区域，用于种植食用或饲料谷物，或者种植卷心菜、莴苣、洋蓟、土豆等蔬菜。如此一来，每一寸土地都可以得到充分利用。

　　长久以来，葡萄种植都是法国、西班牙和葡萄牙的支柱农业。在意大利、希腊、德国部分地区、匈牙利和瑞士，如山地陡坡这类对于谷物等作物的种植相对无用的区域，常被善加利用，辟为葡萄园。在美国，葡萄种植已获得了相当多的关注，更确切地说是在加利福尼亚，那里的葡萄酒酿造和葡萄干生产都达到了很大的规模。

　　在澳大利亚殖民地的多数地区，大片的土地也被辟为此用。实际上，葡萄种植一直被对农业感兴趣的人关注着。或许迟早有一天，维多利亚州和南澳大利亚州将成为世界首屈一指的葡萄种植地以及葡萄酒产地，相信这并非奢望。不过我们还有许多工作要做，既包括对葡萄的栽培，也包括防治病害。

　　毫无疑问，葡萄种植在澳大利亚南部已达到了相当完善的水平，但是昆士兰和其他北部地区的种植却没有结出硕果。最好的澳大利亚葡萄主要产于南纬 30 度至 38 度之间。在莱茵河流域，酿酒用的葡萄种植止步于北纬 50 度，在北美则大约在北纬 43 度。

　　许多古代作家都记录过长寿的葡萄藤，普林尼曾提到在他的时代有一株已超过 600 岁。世界上最大的葡萄藤之一生长在葡

　　▶来，巴克科斯，酒国的仙王，你两眼红红，胖胖皮囊！替我们浇尽满腹牢骚，替我们满头挂上葡萄。——《安东尼与克莉奥佩特拉》第二幕第七场

萄牙的奥伊斯，种植于 1802 年。根据《艺术学会会刊》中的记录，它覆盖了 5315 英尺之广的区域，靠近根部的茎周长逾六英尺。1862 年，这株葡萄藤所产的葡萄足以酿出 165 加仑的葡萄酒，1874 年则为 146 加仑。在意大利的拉韦纳，据说当地大教堂的门是用葡萄木打造的，那些门板长十二英尺，宽十五英尺。在意大利、西班牙和希腊，经过确证，一些葡萄园已存续了三百多年之久，曾经收成颇丰。

汉普顿宫中的那株黑汉堡葡萄已经闻名世界。它栽于 1768 年，是用埃塞克斯的瓦伦汀庄园一株葡萄藤截取的枝条扦插而得，如今生长在温室之中。1822 年，据说汉普顿宫葡萄藤主茎的周长达到了十三英寸，有一年产出了 2200 磅果实，也即将近一吨重的葡萄。

在 1890 年，笔者测量了这株植物的主茎，发现它在距地一英尺高处的周长已达四十五英寸，支茎则稍逾十九英寸。整株葡萄藤连同它的分枝覆盖了大约 2000 英尺的空间。另有一株英国葡萄藤于 1756 年被栽种于埃塞克斯，还有一株在苏格兰格兰皮恩北部的亨尼尔庄园，由布雷多尔本侯爵于 1832 年栽种，这两株葡萄藤据说比汉普顿宫中的那株还要庞大。

据记载，1791 年，澳大利亚的第一株葡萄藤种植在悉尼附近的希尔城堡，栽种者是德拉康上校，一位法国流亡者。

共有十六种葡萄属植物发现于澳大利亚，其中两个种（紫荆葡萄和粉叶葡萄）见于维多利亚州，七个种独属于新南威尔士和昆士兰，其余则分布在昆士兰东部和北领地。

核桃（Walnut）——Juglans regia（林奈）

分类：胡桃科

产地：西亚和喜马拉雅山脉

药性：收敛、发汗

就把我当作一个现成的例子，

因为我会在一枚空的**核桃壳**里找寻妻子的情人。

——《温莎的风流娘儿们》第四幕第二场

简直像个蚌壳或是**胡桃壳**，

一块饼干，一个胡闹的玩意儿，只能给洋娃娃戴。

——《驯悍记》第四幕第三场

　　核桃树在莎士比亚时代已广为人知，或许当时比现在种植得更加广泛。它的果实被认为有一定的解毒功效。

　　根据罗伊尔博士的研究，核桃从希腊和小亚细亚流传到黎巴嫩和波斯，可能又经由兴都库什山脉一路到达喜马拉雅山脉。它在克什米尔生长繁茂，且见于斯尔毛、库马翁和尼泊尔。进口到印度大平原的核桃主要来自克什米尔。胡克博士记载，在锡金—喜马拉雅，核桃生长在海拔 4000 至 7000 英尺的高山坡地上。塔西奥尼教授认为，它原产在亚洲的高山上，从高加索山脉几乎绵延至中国。普林尼指出，核桃是由波斯传入意大利的，且一定是在很早的时代，因为生于公元前 116 年的瓦尔罗曾提到它存在于意大利。

在提庇留时代，据说核桃深受罗马人欢迎，被称作"朱庇特之果"（Jovis Glans），它的植物学名称"Juglans"便由此而来。核桃被罗马人广泛用于节庆场合，不过人们坚信核桃树的树荫是邪恶的。核桃的英文名称 Walnut 源自"高卢坚果"（Gaul Nut），因为据推测核桃树最初是由法国传入。

汤普森指出，没有确凿的记载表明核桃是何时被引入英格兰的。有人说是在 1562 年，但是仅在该年份之后三十年左右，杰拉德就在其作品中提到核桃在公路旁的田野和果园中十分常见，如果真是这样，那么它的引入一定远远早于那个时代。核桃木质地坚实、纹理细腻、经久耐用，常被用来制作枪托、钢琴琴身和上等家具。一些核桃木样本可以在欧洲的教堂和其他建筑以及家具中见到，它们经历了几百年的岁月依然保存完好。目前有八九个不同种的核桃为人所知。北美洲东部的灰胡桃

▶就把我当作一个现成的例子，因为我会在一枚空的**核桃**壳里找寻妻子的情人。——《温莎的风流娘儿们》第四幕第二场

（Juglans cinerea）树高约有七十五英尺，树干直径四英尺。黑胡桃（Juglans nigra）也产自北美洲东部，可以生长到 150 英尺之高，树围常常可达二十英尺。该品种的木材受到欧洲家具制造商的热捧，它供应了美国四分之三的硬木家具材料。黑胡桃在美国的各处都能零散地见到一些，但只有在密西西比河及其支流的河谷才能见到壮观的黑胡桃林。从俄亥俄向西至科罗拉多，黑胡桃树是那一带最重要的树种之一——至少在当地原生的黑胡桃林被夷平之前如此。

姬核桃（Juglans sieboldiana）原产于日本，是一种美观、对称的树种，高逾六十英尺，树干直径平均长二至三英尺。它的木材据说质量上乘，主要被日本人用来打造细木家具。

不同品种的核桃在维多利亚州凉爽的高原地带生长繁茂，它们应该被广泛种植于我们的国家森林之中。

May 1901

小麦（Wheat）——Triticum vulgare（维拉斯）

分类：禾本科

产地：南欧和北亚

还有，老爷，我们要不要在田边的空地上种些**小麦**？

种些**赤小麦**吧，台维。

——《亨利四世》下篇第五幕第一场

你的**麦穗花环**那时既没掉粒，也没枯萎。

——《两位贵亲戚》第一幕第一场

他的道理就像藏在两桶砻糠里的两粒**麦子**，你必须费去整天工夫才能够把它们找到，可是找到了它们以后，你会觉得费这许多气力找它们出来，是一点不值得的。

——《威尼斯商人》第一幕第一场

因为和平的女神必须永远戴着她的**麦穗花冠**。

——《哈姆雷特》第五幕第二场

一个人要吃面饼，总得先等把**麦子**磨成了面粉。

——《特洛伊罗斯与克瑞西达》第一幕第一场

　　莎士比亚时代的小麦与我们今天吃的别无二致，不过它并非英国本土植物，而是被认为来自北亚。对小麦原产地的推测曾经是一个有趣的话题。埃及和中国的小麦种植可以追溯到五千多年前。而根据希尔教授的研究，其历史甚至远及石器时代瑞士最早的湖区居民。今天，小麦主要种植于欧洲、亚洲和非洲。它在印度北部的种植达到了相当大的规模，在北美亦然，美国和英国领地中的许多区域非常适宜小麦生长。南美洲有广阔的地带也同样适宜，而如今品质最佳的小麦产自澳大利亚。

　　戈登·卡明女士在《加利福尼亚花岗岩峭壁》一书中写到了美国的收获季："目力所及之处都横亘着辽阔的麦田——真正的加利福尼亚黄金。曾有人说起这样一片麦田，'一个农夫有时一天只能犁出一道沟，而这道沟可能有十五到二十英里之长！'……格伦博士在萨克拉门托的河谷的农场沿着河流绵延三十英里，听到这些还不足以令英国农场主的心中充满嫉妒之情吗？我听说他有 60000 株小麦，庞大的葡萄园和其他作物，还有一千五百匹马和骡子，雇用了几百名农夫在农场中劳作。有时能有四十具犁同时在耕地，三台蒸汽机同时为收割机提供动力。"

　　小麦有许多品种，并在这半个世纪的栽培之中诞生了几十个优良变种。

　　木乃伊小麦（Triticum compositum）的穗分枝很多，有一种不足尽信的说法，说它是用从埃及木乃伊棺箱中发现的麦粒种出来的。木乃伊小麦已种植于英格兰，它的穗可有十到十一个分枝，每个穗中有 150 颗麦粒，一粒种子可长出六十个麦穗。尽管有这些显而易见的优点，但是这个品种仍然不如另外一些那样令农民满意。《钱伯斯百科全书》中写道："小麦是所有谷物中最受重视的一种，主要用来制作面包。它在许多国家特别是英国的种植和使用与日俱增，这标志着农业的进步和财富的增长。直到近年来小麦面包才刚刚成为英国劳动人民的主食，而仍有一些地区的农民还远远达不到这个水平，只能吃大麦和燕麦。在 8 世纪，英格兰圣埃德蒙修道院的修道士们都吃大麦面包，因为修道院的收入无法供应他们平时吃小麦面包。在其后的一个时期，小麦在收获之后的短时间内被大量使用，至少在英格兰南部如此，但是很快便难以为继，只能再次选择差一些的食材。在当时还没有开展小麦贸易以均衡全年的小麦价格。1317 年，在一次丰收之后，每夸特小麦的价格立即从 80 便士跌到了 75 便士。因此，每当这些时候，丰收的喜悦总是与家中的食物从差到好，由相对匮乏到充裕的转变相联系，而今天我们很难因类似的情况而欣喜。到了17 世纪末，小麦面包已成为富人的主食，但他们庄园中的仆人仍然只吃燕麦、大麦和黑麦面包。在英格兰北部和苏格兰，一直到 19 世纪中叶，小麦面包都还比较罕见。"伊顿在《穷人的历史》（1797）中写道："小麦在坎伯兰郡十分稀有，只有富足之家可以在一年中尝上几口，还是在圣诞节。招待客人通常用的是一块燕麦厚饼配黄油。"

柳树（Willows）——Salix（柳属，包含 160 个种和诸多变种）

分类： 杨柳科

产地： 主要为欧洲和北美，也见于亚洲和非洲等地

药性： 水杨苷

我要在您的门前用**柳枝**筑成一所小屋，

不时到府中访谒我的灵魂。

——《第十二夜》第一幕第五场

正是在这样一个夜里，

狄多手里执着**柳枝**，

站在辽阔的海滨，

招她的爱人回到迦太基来。

——《威尼斯商人》第五幕第一场

告诉他，我料他不久要成为鳏夫，

我准备替他戴上**柳条冠**。

——《亨利六世》下篇第三幕第三场

在小溪之旁，斜生着一株杨柳，

它的毵毵的枝叶倒映在明镜一样的水流之中；

她爬上一根横垂的树枝，

想要把她的花冠挂在上面。

——《哈姆雷特》第四幕第七场

可怜的她坐在枫树下啜泣，

歌唱那青青**杨柳**；

她手抚着胸膛，她低头靠膝，

唱杨柳，杨柳，杨柳。

清澈的流水吐出她的呻吟，

唱杨柳，杨柳，杨柳。

她的热泪溶化了顽石的心——

唱杨柳，杨柳，杨柳。

——《奥赛罗》第四幕第三场

我待要采摘下满满的**柳筐**，

用毒草灵葩充实我的青囊。

——《罗密欧与朱丽叶》第二幕第三场

在这儿的西面，附近的山谷之下，

从那微语喃喃的泉水旁边那一列**柳树**的地方，

向右出发，便可以到那边去。

——《皆大欢喜》第四幕第三场

虽然抚躬自愧，对你誓竭忠贞，

昔日的橡树已化作依人**弱柳**。

——《热情的朝圣者》

柳树旧时在英语中又有"Withy""Sallow"和"Osier"等
称谓，它的细枝（Withies 或 Withys）从前用于建茅草屋等。有
几个品种用作编篮子和其他柳条编织品。英国的黄花柳（Salix
Caprea）经常可以长到六十英尺高，其木材被大量用来制作农具
把手以及生产火药炭，而对于后者，白柳（Salix alba）或称"亨
廷顿柳"也可胜任。墨尔本植物园中可以见到一株优质的白柳样
本生长于湖畔，这种树有时能长到八十英尺之高，树干直径超过
七英尺。白柳木在木镟工艺、鞋楦、盒匣和各类家什制造方面有
很大的需求量，其木质光滑、柔韧且坚固，总能满足各种对于轻
便性、可塑性和弹性的需求。据说这种木材在耐磕碰和敲打方面
胜过英国其他任何树种，它的树皮则特别适合鞣制某几类手套皮
革。白柳木可以制成优质的板球拍，但是最高级的球拍则是用白
柳的一个变种——"金丝垂柳"（Salix vitellina）做成的。

金丝垂柳得名于其浅黄色的枝条，它们格外柔韧结实，被
大量用来编织筐篮，但是最适合藤编工艺的品种是杞柳（Salix
purpurea）、杏仁柳（Salix amygdalina）、筐柳（Salix Forbeyana）
和红柳（Salix rubra）。红柳是杞柳和蒿柳（Salix viminalis）的杂
交品种，被认为是制作高档精美藤编品的最佳选择。蒿柳产自欧

358

洲、北亚和西亚，生命力旺盛，经修剪后其枝条可长到十二英尺长，它十分耐寒，而且是最适合种植在偶发洪水地区的柳树品种之一。不过虽然也被用来制作木箍和粗篮，但在筐篮制造中被认为差于其他一些品种。

爆竹柳（Salix fragilis）原产于西南亚，常见于欧洲大部分地区，可长至九十英尺高，树围达到二十英尺。它被认为是仅次于白柳的欧洲最好的用材柳树，但是它的木质并不十分坚固，且树木需要更多的生长空间。

著名的垂柳（Salix Babylonica/Salix pendula）原生于中国北方，同时也在喜马拉雅山脉和黎凡特发现了野生植株。大卫王描述以色列人在巴比伦被俘，追忆耶路撒冷时，他所提到的品种相传就是垂柳："我们曾在巴比伦的河边坐下，一追想锡安就哭了。我们把琴挂在那里的柳树上。"

垂柳据说是以一种非常奇特的方式被传入英格兰的。"居住在特威克纳姆的亚历山大·蒲柏有一天收到一份从土耳其寄来的礼物——一篮无花果。篮子是由垂柳的嫩枝编成的，也就是被俘的犹太人坐于其下哭泣的那个品种。诗人对那承载着故事的纤细柔嫩的枝条大为赞赏，于是拆开篮子，把其中一条嫩枝种在了地里。插条长成了树，成为所有英格兰垂柳的祖先。"

拿破仑柳树是垂柳的一个变种。当欧仁妮皇后探访儿子殒身之地时，她带着斯坦利牧师花园中柳树的枝条，种在了年轻的皇子位于祖鲁兰的墓碑之下。牧师花园中的那棵柳树是由圣赫勒拿岛上拿破仑墓旁柳树的枝条长成的。澳大利亚雅拉河畔就有许多优良样本来自拿破仑墓地柳树的插条，它们一直装点着雅拉河，直至河流改道。但是现在仍可见到一棵该品种的样本生长在墨尔本植物园大湖畔靠近粗木桥的位置。

在欧洲大陆，有几种柳树的叶子被用作牛饲料，于夏天采集囤积，以备过冬之用。有一种叫作水杨苷的物质存在于柳树皮中，人们发现它对于间歇热和风湿病有疗效，而且有时可用作奎宁的替代品。它是一种无色结晶，有强烈的苦味。

忍冬（Woodbine）——见"忍冬花"（Honeysuckle）

June 1901

苦艾（Wormwood）——Artemisia absinthium（林奈）

分类： 菊科

产地： 欧洲

药性： 驱肠虫、滋补、麻醉

把这刻薄的**苦艾**从你那茂盛的头脑里面拔除，
然后再来向我求爱。

——《爱的徒劳》第五幕第二场

因为我在那时候用**艾叶**涂在奶头上，坐在鸽棚下面晒着太阳；
……
她一尝到我奶头上的**艾叶**的味道，
觉得变苦啦，哎哟，这可爱的小傻瓜！

——《罗密欧与朱丽叶》第一幕第三场

你隐秘的快乐会变成公开耻辱，
你私下的盛宴会变成公众持斋，
你悦耳的声望会变成难听的恶名，
你裹糖的舌头会尝到涩口的**苦艾**。

——《鲁克丽丝受辱记》

苦艾一族中包含很多品种，广布于地球的温带和暖温带地区。它们中大部分都以强烈的气息和苦涩的味道著称。在过去，一些品种被认为具有极高的药用价值，尤其是作为驱肠虫药。苦艾的气味为所有昆虫所不喜，在英格兰和法国乡下，人们将苦艾枝放在箱匣中以驱赶蛾子。

> "每当打扫卧室，撒下苦艾，
>
> 没有一只跳蚤不仓皇逃开。"

古人将苦艾的煎汁兑入酒中，或者在饮酒之前或之后服用，以达到醒酒的目的。

蒿属之中有一些品种生长于法国和瑞士，主要用于生产苦艾香料或酿造苦艾酒。

"苦艾酒是我们国家的一大祸害，"一位法国的有识之士说，"它引发了数量骇人的精神失常和疾病，所以最近有一项众议院议案要求将其取缔。苦艾酒是一种淡绿色的蒸馏酒，它传入法国的方式有些奇特。阿尔及尔之战中，我军遭受着严重的热带热病，在尝试了一些药物之后，苦艾被选用为最佳的预防药物，士兵们将其兑入酒中。

"它在当时只是一种药品，而且理所当然地，没有人喜欢它。士兵们声称它破坏了红葡萄酒的口感，只是因为害怕热病才被迫喝下。不过渐渐地，他们开始喜欢上它，并带着喝苦艾酒的习惯回到了法国。从此以后，在填满我们的医院、监狱和疯人院方

面，它比其他任何种类的酒发挥的作用都要多。苦艾酒曾被称作
'绿色恐怖'。"——《卡塞尔周刊》

南木蒿（Artemisia Abrotanum）原产于南欧，在园圃中
又被称作"老人蒿"，据说是蜜蜂最厌恶的植物。著名的龙
蒿（Artemisia Dracunculus）则被用作调味料。马斯特斯博士写
道："艾草（Artemisia Moxa）据说是中国人和日本人用于'艾
灸'的植物——将一小团可燃的艾炷置于皮肤上灼烧，产生痛
感。它通过使皮肤起水疱来达到治疗效果，不过由于过于疼痛，
如今已很少采用。"

紫杉（Yew）——Taxus baccata（林奈）
分类：松柏科
产地：欧洲和亚洲
药性：麻醉、刺激

雾黑云深月食时，
潜携斤斧劈**杉枝**。

——《麦克白》第四幕第一场

为我罩上白色的殓衾铺满**紫杉**，

没有一个真心的人为我而悲哀。

　　　　　　　　——《第十二夜》第二幕第四场

即使受您恩施的贫民，

也学会了弯起他们的**杉木弓**反对您。

　　　　　　　　——《理查二世》第三幕第二场

你到那边的**紫杉树**底下直躺下来，

把你的耳朵贴着中空的地面，

地下挖了许多墓穴，土是松的，

要是有踉跄的脚步走到坟地上来，你准听得见；

要是听见有什么声息，便吹一个呼哨通知我。

　　　　　　　　——《罗密欧与朱丽叶》第五幕第三场

当我在这株**紫杉树**底下睡了过去的时候，

我梦见我的主人跟另外一个人打架，

那个人被我的主人杀了。

　　　　　　　　——《罗密欧与朱丽叶》第五幕第三场

　　自上古时代起，紫杉就被视作哀悼的象征。古埃及人认为它具有神性，并将这种观念传递给了古希腊人，进而被古罗马人接受，古罗马人又将其传到了英国。在今天北威尔士和南威尔士的教堂庭院，仍旧可以见到大量的紫杉。在这些地区的村庄里，紫杉树和教堂往往年龄相仿。曾经在意大利的教堂庭院中，紫杉也并不鲜见。"684年，在修建皮卡第的佩罗内教堂的特许状中，加入了一项与众不同的条款，包含了如何恰当保护一棵具体的紫杉树的指导。这棵树在1799年依然存活，距那份与它有关的特许状已过去了将近1100年，那份特许状也因此被当作了证明紫杉树龄之久的珍贵资料。"

紫杉生长非常缓慢，需要很多年才能成熟。在一段直径不超过二十三英寸的树干中发现了将近三百圈年轮，表明它已达到了相应的树龄。

中欧有几棵紫杉树已有2000至3000岁的高龄，然而树高尚不足三十五英尺。布克哈特提到其中一棵"生长在普鲁士本特海姆县维特马尔申的洪积砂土上，早在1152年就已经以高龄而闻名，不过直至1893年树干中段的直径也没有超过三英尺"。

有一种非常古老的习俗，紫杉树要单个地种植，仿佛孤独增添了它的神圣性。斯塔提乌斯在《底比斯战纪》第六卷中将其称为"孤独的紫杉"。尽管如此，在苏格兰罗蒙湖的因科纳克海德岛上，据说生长着几千株大型紫杉树。达到如此规模的紫杉林在全欧洲大概找不到第二处，这或许要追溯于那个弓箭几乎是唯一作战方式的时代。

用紫杉木打造的弓为英格兰赢得了克雷西战役和阿金库尔战役的胜利。

"并非骑士的长矛，而是尚武的紫杉之弓，

你武装了英格兰的精神，将法兰西战胜。"

紫杉树多见于亚平宁山脉、阿尔卑斯山脉、希腊、西班牙、比利牛斯山脉和高加索山脉，此外显然还因其可以提供制弓原料而在英国广泛种植。事实上，"早期的君主们禁止将紫杉木出口到其他国家，以留给本国自用。爱德华四世统治时期颁布了一道法令，规定每一个居住在爱尔兰的英格兰人必须在住处备有弓箭"。

根据斯特拉特记载，佩思郡方廷格尔的一棵紫杉是苏格兰最古老最高大的紫杉之一，他于1826年写道："它伫立在方廷格尔教堂的庭院中，站在'外来者要塞'之上——这里曾经是一片小型的古罗马营地，邻近格伦里昂和兰诺克，是居于格兰扁山脉心脏地带的一片野性浪漫之地。这棵伟岸的树木曾由巴林顿法官于1770年丈量，据他说当时的树围为五十二英尺。然而如今它已腐朽倒地，彻底分成了两棵独立的树干，送葬的队伍曾经惯于从其间穿过。

"它的树龄已经无法确知，但从它现在的状态和外观看来，有理由相信它的历史与此地的苏格兰高地人一样悠久。"

在苏格兰的东洛锡安，霍普顿伯爵的奥密斯顿府邸中有一棵古代紫杉，笔者曾于1890年测量，其距地五英尺高处的树围为十八英尺。这棵树被称作"韦夏特紫杉",据说至少已有600岁,1545年,宗教改革者韦夏特在它宽广的树荫下宣教时,被博斯维尔伯爵逮捕,继而殉难。这棵树至今仍然健康如初,在它繁多的主枝中,有一些的平均直径达到了三英尺。它覆盖着方圆195英尺的土地,可以让四百个人在其浓阴下休憩。

有几棵著名的紫杉依然生长在约克郡的方廷斯修道院(如今仅存遗址)。1132年,在修道院建成之前,圣玛丽修道院的园长带着他的修道士们在七棵巨大的紫杉下扎营,这七棵树靠得很近,形成浓密的树冠,相当于一片茅草屋顶,他们寄居于此直至修道院落成。这些树中最大的一棵(其树干已严重腐朽)于1889年测量出的树围是二十四英尺零三英寸。

多塞特郡的蒂斯伯里有一棵紫杉,其树围达到了三十七英尺。在锡永宫,有一些优良的古树样本生长于泰晤士河岸。而在迪恩森林和新森林,有许多极为珍贵的样本,它们是在征服者威廉时代由幼苗成长起来的。

紫杉木坚韧而有弹性,但是质地过于坚硬和细密以致容易开裂,木色为深棕或橘红。它为木镟工艺和家具制造提供了极其珍贵的木材,而且经久耐用,有这样一句老话:"一根紫杉杆,耐用赛铁柱。"在尼尼微古城遗址中发现了一些保存良好的紫杉木,无怪乎它被称为"不朽之木"。人们普遍相信紫杉的树叶和果实都有毒,但是杰拉德不认为它的果实有毒,而认为是那些中毒的非反刍动物误食了它的叶子。他说:"尼坎德在《毒与解毒剂》中的确将紫杉树归入了有毒植物之中，还为之开出了解毒药方，格里斯将这些文字翻译如下：'避开那有毒的紫杉，它们生长在伊塔山上，如烈火一般，致人惨死。除非用干净的酒杯倒入纯酒饮下，待你口鼻中的气息淡去，生命之路便再次畅通。'"

后　记

澳大利亚莎士比亚剧团（ASC）

在墨尔本皇家植物园

表演莎剧，已逾卅载。

我们相信

加法叶先生定会允准。

MALVOLIO

插图为马伏里奥，由希伯·汤普森画

玛利娅（奥丽维娅侍女）与安德鲁·艾古契克爵士、托比·培尔契爵士及费边（奥丽维娅仆人）密谋捉弄奥丽维娅的管家马伏里奥：

玛利娅

你们三人都躲到黄杨树后面去。

马伏里奥正从这条道上走过来了，

他已经在那边太阳光底下对他自己的影子练习了半个钟头仪法。

谁要是喜欢笑话，就留心瞧着他吧，

我知道这封信一定会叫他变成一个发痴的呆子的。

凭着玩笑的名义，躲起来吧！你躺在那边；

（丢下一信）

这条鲟鱼已经来了，你不去撩撩他的痒处是捉不到手的。

——《第十二夜》第二幕第五场

参考文献

澳大拉西亚银行家协会：《澳大拉西亚银行家杂志》第12—14卷，墨尔本

奥唐纳：《别名威廉·莎士比亚》，2015年

佩斯科特：《园林大师加法叶：1840—1912》，墨尔本：牛津大学出版社，1974年

鲁本斯坦：《论亨利·内维尔爵士是真正的莎士比亚》，2012年

致　谢

我们想要感谢维多利亚州皇家植物园图书馆和维多利亚州国家植物标本馆，特别是莎莉·斯图瓦特、罗杰·斯宾塞和安德鲁·莱德劳的大力帮助与支持。还要感谢墨尔本澳新银行的档案保管员彼得·马里尼克，慷慨地允许我们阅览澳新银行收藏的《澳大拉西亚银行家杂志》。此外必须要感谢约翰·库德摩尔、Datacom IT 和杰玛·菲尔德在前期工作中提供的协助。最后，我们非常感谢沃里克·福奇、桑迪·格兰特、佩吉·阿莫尔和哈米什·弗里曼给予我们的支持。

图书在版编目（CIP）数据

密径：莎士比亚的植物花园 /（澳）威廉·罗伯特·加法叶著；

（澳）埃德米·海伦·加德摩尔等编；解村译. 一北京：中国工人出版社，2022.5

书名原文：Mr Guilfoyle's Shakespearian Botany

ISBN 978-7-5008-7923-7

Ⅰ.①密… Ⅱ.①威… ②埃… ③解… Ⅲ.①植物学 Ⅳ.①Q94

中国版本图书馆CIP数据核字（2022）第078200号

著作权合同登记号　图字：01-2020-4174

Text © Diana E. Hill and Edmée H. Cudmore

Design and typography © Melbourne University Publishing Limited

First published by Melbourne University Publishing Limited

The simplified Chinese translation rights arranged through Rightol Media

（本书中文简体版权经由锐拓传媒取得 Email:copyright@rightol.com）

密径：莎士比亚的植物花园

出 版 人　董　宽

责 任 编 辑　宋　杨　李　骁

责 任 校 对　丁洋洋

责 任 印 制　黄　丽

出 版 发 行　中国工人出版社

地　　　址　北京市东城区鼓楼外大街45号　邮编：100120

网　　　址　http://www.wp-china.com

电　　　话　（010）62005043（总编室）

　　　　　　（010）62005039（印制管理中心）

　　　　　　（010）62379038（社科文艺分社）

发 行 热 线　（010）82029051　62383056

经　　　销　各地书店

印　　　刷　北京市密东印刷有限公司

开　　　本　880毫米×1230毫米　1/32

印　　　张　12.5

字　　　数　140千字

版　　　次　2022年8月第1版　2022年11月第2次印刷

定　　　价　88.00元